空气炸锅

西镇一婶 茶苏苏 著

万物皆可炸

青岛出版集团 | 青岛出版社

图书在版编目（CIP）数据

空气炸锅 : 万物皆可炸 / 西镇一婶 , 茶苏苏著 . — 青岛 : 青岛出版社 , 2022.10

ISBN 978-7-5736-0489-7

Ⅰ . ①空… Ⅱ . ①西… ②茶… Ⅲ . ①油炸食品 – 食谱 Ⅳ . ① TS972.133

中国版本图书馆 CIP 数据核字 (2022) 第 178897 号

书　　　名	KONGQI ZHAGUO WANWU JIE KE ZHA 空气炸锅：万物皆可炸
著　　　者	西镇一婶　茶苏苏
出 版 发 行	青岛出版社
社　　　址	青岛市崂山区海尔路182号（266061）
本 社 网 址	http://www.qdpub.com
邮 购 电 话	0532-68068091
策 划 编 辑	周鸿媛
责 任 编 辑	肖　雷
封 面 设 计	毛　木
装 帧 设 计	叶德永　杨晓雯　张　骏　尚世视觉
制　　　版	青岛乐道视觉创意设计有限公司
印　　　刷	青岛北琪精密制造有限公司
出 版 日 期	2022年10月第1版　2023年2月第2次印刷
开　　　本	16开（710毫米×1010毫米）
印　　　张	12.25
字　　　数	155千
图　　　数	737幅
书　　　号	ISBN 978-7-5736-0489-7
定　　　价	58.00元

编校印装质量、盗版监督服务电话　4006532017　0532-68068050

建议陈列类别：生活类　美食类

卷首语

2018 年，当我创作自己的第一本美食书《轻松做 150 道空气炸锅创意美食》的时候，真的没想到 4 年后的今天，这款小巧便利的厨房小家电会火爆到现在这种程度。无论是自媒体上的空气炸锅食谱，还是各大美食博主的热情推荐，甚至同样写空气炸锅题材的美食图书，都如雨后春笋般出现，说明大家对空气炸锅的喜欢和研究热情前所未有地高涨起来了。所以当出版社编辑邀请我写第二本空气炸锅美食书的时候，我的压力是很大的。对于一位美食作者来说，再写一本优秀的同类题材的书，不但意味着要突破自己，而且还必须要从那么多珠玉在前的空气炸锅食谱中脱颖而出才行。

其实，使用空气炸锅题材写一本食谱书并不难，毕竟像日常的蔬菜、肉食、海鲜大餐，还有专业的烘焙甜点、零食小吃，这台神奇的锅都能做。当年的第一本空气炸锅书也是凭此蝉联了一些美食图书畅销榜冠军数月时间。所以对于我来说最难的，还是要将新书做得与之前那本不重复又更加出彩才行。这本新书，里面的美食不但要更接地气，更有创意，还要更好上手，并且要更偏重于美味且低脂。在接过出版社编辑给的这个任务后，我找了自己的好友同时也是美食行业里的另一位"大咖"——茶苏苏，一起合著这本空气炸锅新书。我负责所有食谱的策划与创意，苏苏则负责她擅长的拍摄图片与视频。我们两个合作无间，一起寻找空气炸锅的新的美食灵感。一次又一次地把之前定好的食谱目录推翻重来，在跟自己"死磕"了大半年的时间后，终于合力完成了这本全新的空气炸锅美食书，也就是大家即将看到的这本新书。

这本书依然延续了上一本空气炸锅食谱的风格，即用最简单的食材做出最美味的食物。这本书里的所有食材，都力求在附近的菜市场或者超市里就能买到。它也没有那些晦涩难懂的专业名词。你只需要按图索骥一步步来就能做成功。它对厨房"小白"十分友好。

为了和上一本空气炸锅书做出区别，这本书也摒弃了之前按蔬菜、肉类、海鲜等食材进行分类的方式，采用了更有针对性的按人群需求分类的方式。比如有为减脂瘦身人士定制的低热量高蛋白食谱，有为少年儿童定制的充满童趣但又营养丰富的儿童食谱，也有为易患"三高"的中老年人定制的健康美味食谱。可以说拿到它的读者，都能根据自己或者家人的需求，从本书的分类食谱里更加精准地选择到合适的食谱来制作。不管男女老少，也无论是为了减肥还是方便烹饪，只要家里有空气炸锅的读者，都可以跟我们一起，玩转这 100 道无烟少油的空气炸锅健康美食。

西镇一婶
2022 年 8 月

自序

估摸着我算是国内接触空气炸锅较早的那一批人里的一员了。

早期做测评自己购买的机器，加上品牌方寄来的样品，我摸过的机器至少也有10台。到今天为止，各式各样的空气炸锅仍然占据着我工作室货架的半壁江山。而我，是那个把它们的脾性统统拿捏住的人。这种感觉，真的，还挺想"又会儿腰"的。

与它们相处本是我的工作，最后却变成了我生活的一部分，也成了创作本书的灵感。

是的，谁会拒绝这样一台近乎完美的小家电呢？傻瓜式操作，效率高，还能帮助减少摄入的油脂的量。空气炸锅不只是一台加热的机器，更是一种全新的烹饪方式，完全可以用来制作很多有新意、味道好的健康菜式。

始于健康、营养，又服务于肠胃、味蕾，也许这就是发明空气炸锅的初衷。当然，让大家更好地去使用它，就是我们这些人的使命了，所以这次我和我的好朋友，也是美食行业内的知名前辈——西镇一婶，合著了这本《空气炸锅：万物皆可炸》。这本书旨在为大家带来空气炸锅的一些新的烹饪灵感，让不同的人都能用空气炸锅轻松做出适合自己的健康美味。

我和"婶子"各自发挥所长，打磨菜式，完善图片，耗费了大半年的时间才算完成了本书的内容制作。大家最终看到的这本书，可以自豪地说，是精美、易读且讨人喜欢的。

每个菜式都经过了至少两次试做，才得到最终版本的食谱，以此来保证精准度，让厨房"小白"也能轻松复刻。食谱依然是沿用了图文并茂的形式，还新增了部分教学视频，为大家提供更为直观的参照标准。

篇章是根据人群划分的，你可以快速找到适合你的食谱。你可以体验丰富美味的减脂餐，当一个快乐的减脂人。孩子挑食也不是问题，换一种制作方式，瞬间就能抓住他们的目光。长辈们做了一辈子菜，但在空气炸锅面前，又能再次收获下厨的新鲜感和成就感。

当你们拿到这本书并真的去跟着做的时候，你会发现：

只要你愿意，有一台空气炸锅，就可以好好吃饭！

也许这就是空气炸锅的了不起之处吧。

最后，希望大家喜欢这本书，也期待你们举一反三创造出属于自己的空气炸锅美食。

家里可能已束之高阁的空气炸锅，也该是时候解封啦！

茶苏苏

2022 年 8 月

目录 CONTENTS

Part

1 空气炸锅小课堂

Part

② 孝敬爸妈的菜

Part

③ 孩子爱吃的菜

Part

④ 减脂人士看过来

Part

⑤ 全家一起聚餐

带 🔲 的菜品附赠精美制作视频。扫一扫，观看空气炸锅美食制作视频。

空气炸锅可以烹饪的食材很多，像我们平时吃的排骨、五花肉、鸡翅、鸡腿、鸭肉、牛肉等都可以做，而且不用放一滴油，还会烤出食材本身的油脂。对高蛋白、低脂肪的海鲜类食材，以及蔬菜类食材，空气炸锅可以实现原汁原味的烹饪，而且可根据自己的喜好选择是否腌制及使用的调味料。

Part

①

空气炸锅小课堂

快速认识空气炸锅

空气炸锅使用热空气代替热油烹调食物。热空气在密封的锅内形成急速循环的热风，使食物变熟。同时热风还吹干了食物表层的水分，令食材达到近似油炸的效果。

健康，少油，方便是用空气炸锅烹饪食物的三个主要的特点。

健康是指用空气炸锅烹饪食物，与传统的烹饪相比，产生的油烟量大大降低，这样能使人体避免吸入过多的油烟而影响健康。

少油是指空气炸锅可以烤出肉类食材本身的油脂，烹饪时减少用油量，从而降低食物的油脂含量。

方便是指只需要把处理好的食材放进空气炸锅内，启动程序，时间到了以后就可享受美食，中间顶多偶尔翻一两次食材，不需要时刻守在锅前。

控制面板：控制空气炸锅工作所使用的操作键所在的区域。操作键一般分为旋钮式和触屏式两种，包含了时间、温度、食物菜单等选项。 ◀

主机：包含加热元件、高速风扇等核心部件。 ◀

▼

空气炸锅炸篮：用来盛放烹饪食材的器皿，带有网格，方便油脂与空气炸锅主体分离。

▼

空气炸锅抽屉：用来接炸篮上烘烤的食物出现的杂质和烤出来的油脂。建议选择带有独特底部纹路设计的。这种设计可以让空气炸锅形成立体的热风，能烤出更多的油脂。

空气炸锅能做什么？

制作传统菜肴 ①

空气炸锅可以烹饪的食材很多，像我们平时吃的排骨、五花肉、鸡翅、鸡腿、鸭肉、牛肉等都可以做，而且不用放一滴油，还会烤出食材本身的油脂。对高蛋白、低脂肪的海鲜类食材，以及蔬菜类食材，空气炸锅可以实现原汁原味的烹饪，而且可根据自己的喜好选择是否腌制及使用的调味料。

对食材进行预处理 ②

日常烹饪中，有些需要提前过油的食材，我们可以用空气炸锅烤来代替油炸。比如做糖醋里脊、辣子鸡或者地三鲜这些菜肴，用空气炸锅对食材进行预处理，不但不用浪费油去炸了，还可以把肉类食材本身的油脂烤出来一些。特别是夏天，在闷热的厨房里，用空气炸锅处理食材比用油锅处理更为舒适。

处理冷冻半成品或受潮食品 ③

超市里有很多的冷冻食材，比如鸡肉串、炸鸡块、香芋地瓜丸等，这些半成品食材非常适合用空气炸锅来制作成成品菜——不用放油或抹一点儿油，直接让空气炸锅做就可以了。平时吃剩下的油炸食品，用空气炸锅进行加热也很方便。一些因受潮而口感不好的食物，如花生、瓜子，也可以用空气炸锅加热，它们就会恢复到原先的口感了。

制作烘焙
美食

④

空气炸锅是使用加热管工作的，所以烤箱能做的食物它基本也能制作。像蛋糕、饼干、比萨、派、小面包等烘焙食品都可以做。只要空气炸锅能装得下做好的烘焙食品，就可以用空气炸锅来代替烤箱制作。

制作零食
和小吃

⑤

空气炸锅工作时的温度一般在 60 ~ 210℃之间，可以用它制作不少零食和小吃。比如可以用空气炸锅做中式酥点，可以烘烤坚果，还可以制作苹果干、杧果干等。饭团类、布丁类小吃，掌握好空气炸锅的用法也是可以做出来的。

空气炸锅的使用技巧

平铺食材 ① 铺入食材时要尽量平铺，并且食材间要留出一定的空隙，方便锅内热空气的流动。那种带汤汁的食材，要先放在耐高温的小锅内，再放入空气炸锅中，并且需要在烤制过程中翻动几次，避免食材受热不均匀。如果烘烤的时间较长，也可以一次铺入两层食材，但要翻动几次，以免被压到的食材烤不到，上色不均匀。

适量用油 ② 空气炸锅在烹饪肉类食材的时候，是不需要加油的。但在制作蔬菜或者海鲜时，为了保证口感，可以在表面刷或喷上一点儿油，这样也可以避免食材粘锅。荤素食材混合制作时，不用放油，要将素菜铺在底部，荤菜放在上面，这样油脂烤出来后可以滴在素菜上，让成品更好吃。

制作外壳 ③ 制作传统的油炸食物，一般要先将食材包裹一层面糊后再进行油炸。这种挂浆制作法不适用于空气炸锅，因为用空气炸锅烤无法像油炸那样让裹了面糊的食材瞬间形成酥脆的外壳，所以用空气炸锅制作炸鸡腿、炸鸡块等食物，最好是蘸上鸡蛋液后再裹一层面包糠来制作。

空气炸锅的清洁与保养

1 一般的食物用空气炸锅在 40 分钟内就可以烘烤完毕。如果烤制时间太长，食材又小，就容易将其烤焦，并会产生烟雾，加速锅体的损耗和老化。

2 遇到炸篮和抽屉内油污多的时候，可以先将炸篮、抽屉泡入加了洗洁精的清水中，泡 15 分钟后再清理。最好准备一把软毛牙刷，可以用它轻松去除网眼里的油污，还不伤害涂层。

3 空气炸锅的加热管和风扇如果是外露的，可以等空气炸锅凉后，用厨房纸巾或湿抹布轻轻擦拭，再用干抹布擦干。如果污渍较为严重，也可以给厨房纸巾喷上无腐蚀性的清洁剂，敷在污渍表面 10 分钟，之后用小刷子进行清理，再用湿抹布清理干净，用干抹布擦干即可。

空气炸锅好伴侣

烘焙纸

1 分为油纸和铝箔纸两大类。油纸一般垫着用，铝箔纸一般用来包食材。油纸多有孔。不想让食材粘炸篮或者希望炸篮更好清洗，可以给炸篮先铺上烘焙纸再放食材。但要注意，铺了烘焙纸会影响炸篮上下的通风，所以烤制期间要勤翻面。

油纸

铝箔纸

② 硅胶刷子

可以给食材表面直接刷油或者刷蜂蜜水、鸡蛋液等材料。

③ 硅胶食物夹

工作时锅内温度较高，用它可以将食材翻面、翻拌。它的下部是硅胶材质的，不会刮花炸篮上的不粘涂层。

④ 硅胶锅铲

和硅胶食物夹作用类似。一般用在对块头较大或者较多的食材的翻面上，例如鱼、牛排、猪排等。

⑤ 铝箔纸盘/碗

适用于制作带有汤汁的食物，也适用于烤蛋糕、比萨、意面、焗饭等料理。

⑥ 隔热手套

空气炸锅使用后温度很高，我们在取出盛放食物的器皿或者炸篮时可以使用隔热手套以避免烫伤。

⑦ 高压喷油壶

烤制裹了面包糠或者表面有面粉渣的食材，不太好使用刷子刷油的时候，这种可以喷油的油壶就比较好用了。

很多油炸食品都有高油脂、高热量、高胆固醇的特性。如果用空气炸锅来烹饪的话，不但能智能控温，还可以进行无油或者少油的操作，摒弃用油炸一次食物要用掉一锅油的传统做法，还可以把本身就油脂丰富的肉类"过滤"一下，让脂肪含量大大降低。对易患高血压、高血脂、高血糖等疾病的中老年人来说，空气炸锅的使用价值非常大。

Part ②

孝敬爸妈的菜

这道快手菜肴制作特别简单，只需要提前将鸡脖腌制一下，然后和青菜椒、红菜椒放在一起扔进空气炸锅里烤一烤就好了。它的味道也不会让你失望。它属于制作迅速、油脂少、可以放心吃的"懒人"美食。

土豆烧鸡脖

🟠 分量：一大盘　　🟠 烤制时间：15 ~ 17 分钟

食材

鸡脖 3 根，生抽 20 克，料酒 8 克，黑胡椒粉 1 克，盐 2 克，白糖 5 克，蒜 2 瓣，姜丝适量，青菜椒 1 个，红菜椒 1 个，土豆 2 个

步骤

1. 所有材料都准备好。鸡脖上的淋巴结比较多，要去一去。

2. 将鸡脖斩成 3 厘米左右长的段，倒入生抽、料酒、黑胡椒粉、盐、白糖、蒜瓣、姜丝，抓匀，腌制 40 分钟。

3. 青菜椒和红菜椒分别切条。土豆去皮，切成厚约 0.5 厘米的片或者切成块。

4. 土豆片（块）放入腌制鸡脖段的容器中，拌匀，让土豆片（块）也裹上腌料汁。

5. 将腌制好的食材放到炸篮中，用 190℃先烤 12 ~ 13 分钟。

6. 将青菜椒条、红菜椒条也倒到炸篮上，用筷子将所有的食材拌一拌，继续烤 3 ~ 4 分钟即可。

婶子碎碎念

1. 用空气炸锅做这道菜不用再放油了，用鸡脖本身的油脂就可以让成品产生那种类似油炸的效果了。
2. 两种菜椒条要最后再放进空气炸锅中烤。一开始就跟鸡脖、土豆一起烤，会烤得又干又老，就不好吃了。

红枣脆脆

中老年人可以每天多吃点儿具有补气养血、健脾安神效果的红枣。把它做成红枣脆，可以随身携带，而且口感嘎嘣脆，很好吃。

- 分量：三人份
- 烤制时间：35 ~ 40 分钟

食材

干大红枣 40 颗

步骤

1 尽量选择个大、饱满的干大红枣。将枣洗干净，去核。枣核不要丢弃，留着，过一会儿要用。

2 用剪子将红枣竖着剪成 4 瓣。放到炸篮上，铺平，用 100 ℃ 烤 35 ~ 40 分钟。将红枣瓣烘干，放凉后就变脆了。

3 将枣核用适量的水煮几分钟。

4 将枣核过滤掉，就是一杯很好喝的红枣水了。

婶子碎碎念

1. 红枣尽量用个儿大、饱满的，若羌枣、骏枣、和田枣都不错。红枣含糖量比较高，所以有糖尿病的中老年人就不要吃了。
2. 做这款红枣脆脆，温度不要超过120℃，否则就容易烤煳。烤好的红枣脆脆要放到密封容器中储存，避免吸潮而影响口感。

葱香烤带鱼

◎ **分量：** 一大盘

❀ **烤制时间：** 15分钟

食材

带鱼 400 克，姜片 3 ~ 4 片，葱段 4 ~ 5 段，盐 3 克，白糖 3 克，料酒 10 克，生抽 10 克，蚝油 10 克，香醋 10 克，白胡椒粉 2 克，孜然粉 1 克，葱花（选用）少许

步骤

所有的食材都准备好。带鱼清洗干净，去掉内脏，剪去边上的鳍，斩成小段。

葱段切丝，姜片切丝。

带鱼表面用刀划几刀，倒入葱丝、姜丝、盐、白糖、料酒、生抽、蚝油、香醋、白胡椒粉、孜然粉，拌匀，腌制 30 分钟。

在炸篮中抹少许植物油（分量外）或者直接铺入油纸。将腌制好的带鱼段放进去，在带鱼段表面抹一点儿油（分量外），用 200℃ 烤 15 分钟即可，装盘后可以用葱花装饰。

婶子碎碎念

1. 带鱼比较腥，所以需要提前用姜丝、料酒等腌制一会儿，去掉腥气。
2. 鱼皮比较嫩，所以烘烤前需要在炸篮中和鱼身上抹一点儿油，或者直接铺入油纸，要不然烤完后不容易将带鱼段完整地取出来。只是铺油纸容易阻隔炸篮的通风，所以铺油纸烤的话，烤制期间得翻面 1 ~ 2 次。

这款老少咸宜的菜肴，感觉很像蔬菜版的烤包子。外面是一层烤熟的番茄，里面是肉馅儿，吃的时候番茄的酸甜可以中和肉馅儿的油腻感。不过制作时一定要仔细，特别是挖空番茄的时候，要小心点儿，别把番茄的外壳挖破了。

番茄酿肉包

分量：3 个　　烤制时间：20 分钟左右

食材

番茄（中等大小）3 个，猪肉馅 120 克，黑胡椒粉 1 克，生抽 10 克，蛋清 1 个，料酒 10 克，玉米淀粉 5 克，即食燕麦片 6 克，洋葱碎一小碗，盐 1 克，番茄酱（选用）适量

步骤

所有的食材都准备好。

番茄洗干净，在底部向上的 1/3 处横刀切开。将里面掏空。

在猪肉馅儿中倒入生抽、黑胡椒粉、蛋清、洋葱碎、即食燕麦片、玉米淀粉、料酒和盐，用筷子顺着一个方向拌匀，腌制 15 分钟。

将拌好的肉馅儿填入挖空的番茄中，抹平表面。

盖上刚才切下来的番茄的底部部分，用牙签插进去固定一下，放入炸篮中。

用 190℃烤 20 分钟左右，装盘后用番茄酱装饰即可。

婶子碎碎念

1. 挖番茄的时候一定不能挖破了。可以少挖一点儿，让剩余的内壁厚一些。番茄经高温烤后容易爆，如果内壁太薄了更容易破掉，影响成品的美观度。

2. 建议用中等大小或者小一点儿的番茄来做，这样填入肉馅儿后不用烤太久，而且小一点儿的吃起来也方便些。

芹菜有丰富的膳食纤维，而腐竹含有大量的蛋白质。这两种食材都是比较适合中老年人食用的食材。喜爱健身的朋友们也可以试试。平时我们做的时候，都是将它们焯熟后凉拌，成品的口感比较单一。这次用空气炸锅来做，再加点儿肉丝进去，一锅出，做出的就是咸香味美的下饭菜了。制作的时候还不用担心油烟问题。

芹菜肉丝腐竹

● 分量：1 盘　　● 烤制时间：11 ～ 12 分钟

食材

芹菜 150 克，里脊肉 80 克，干腐竹 40 克，蚝油 5 克，生抽 5 克，玉米淀粉 2 克，盐 2 克，植物油 8 克，花椒少许

步骤

1 所有材料都准备好。干腐竹提前泡发好。

2 里脊肉切成长条，粗细和小指差不多即可，加入蚝油、生抽和玉米淀粉，抓匀，腌制 10 分钟以上。

3 芹菜洗干净，切小段。泡发好的腐竹切小段。

4 将腌制好的里脊肉丝和芹菜、腐竹段放一起，倒入植物油，撒盐，放花椒。将所有食材充分拌匀。

5 将所有食材平铺在炸篮上，用筷子挑一挑，尽量让肉丝在最上面。

6 用 180 ℃ 烘烤 11 ～ 12 分钟即可。烤制期间要将食材翻拌几下。

婶子碎碎念

1. 肉丝要用猪里脊肉丝，并且不能切得太粗，要不然在推荐的时间里烤不熟。
2. 芹菜和腐竹熟得快，肉丝熟得慢，所以拌匀后尽量将肉丝铺到最上面。烘烤期间最好翻拌几下，让底下的食材也能均匀受热。
3. 肉丝提前腌制后再烤会比较好吃。芹菜和腐竹只要加点儿盐和油就很好吃了。

用鲜橙做的排骨带着清新的橙子香气，口味则是偏酸甜的，很受朋友们的喜欢。如果做成水果碗的样子，颜值会很高，可能更受欢迎。水果的香气可以盖住排骨的腥气和油腻感。

橙香排骨

分量：两人份　　烤制时间：18 ~ 20 分钟

食材

主料：排骨段 250 克，鲜橙 2 个，盐 2 克，料酒 10 克，黑胡椒粉 1 克，鸡蛋 1 个，玉米淀粉 5 克

味汁材料：橙汁 40 克，番茄酱 20 克，白糖 5 克，盐 1 克，水淀粉 15 克

装饰材料（选用）：橙子片适量，萝卜丝少许，红尖椒圈少许

步骤

1. 排骨段洗干净，浸泡一会儿去血水。橙子从中间一切两半，将橙子肉挖出来，留下橙子皮当碗用。挖出的橙子肉碾碎，取汁。

2. 在排骨段中放入橙汁、盐、料酒、黑胡椒粉、鸡蛋、玉米淀粉，拌匀，腌制 1 小时以上。

3. 把腌制好的排骨段放到空气炸锅的炸篮上，用 180℃ 烤 18 ~ 20 分钟。

4. 做味汁。将橙汁、番茄酱、白糖、盐倒入炒锅中加热到沸腾，倒入水淀粉，烧到比较浓稠的状态。

5. 将烤好的排骨段倒进炒锅里翻拌一下，让排骨段都能裹上味汁。

6. 最后将排骨段和味汁盛入刚才挖好的橙子皮碗中即可。也可以将排骨段直接装盘，用装饰材料装饰即可。

婶子碎碎念

嫌麻烦的读者可以省略做橙子碗和做味汁的步骤，直接用空气炸锅烤橙香排骨即可。

凉拌松花蛋是一道很多人过节的时候都会吃的凉菜，但你知道用松花蛋做的肉菜也很好吃吗？将松花蛋切碎后，跟肉馅儿拌匀，完全融合在一起，经过高温烘烤，形成了一种很特别但又很有诱惑力的肉香味。关键是用空气炸锅做不用放油，还可以将肉中的一大部分油脂烤出去，所以怕得"三高"病的中老年人也可以放心吃这道肉丸。

爆汁皮蛋肉丸

分量： 大约 20 个　　**烤制时间：** 12 分钟左右

食材

猪肉馅 350 克，松花蛋 $1\frac{1}{2}$ 个，火腿肠丁 40 克，鸡蛋 1 个，葱花少许，姜末少许，玉米淀粉 15 克，料酒 10 克，蚝油 15 克，盐 3 克，白糖 7 克，黑胡椒粉 1 克

步骤

所有材料都先准备好。

松花蛋切丁，和火腿肠丁放在一起。

在猪肉馅里加入鸡蛋、玉米淀粉、葱花、姜末、料酒、蚝油、黑胡椒粉、盐、白糖。

用筷子或者厨师机拌匀，拌至肉馅儿上劲儿，变黏了就可以了。

在拌好的猪肉馅里倒入火腿肠丁和松花蛋丁，拌匀。

取 28 ~ 30 克混合馅儿，团成肉丸，放到炸篮上，铺平，用 180℃烘烤 12 分钟左右就可以了。出锅后可以用竹扦串起来。

婶子碎碎念

1. 用的鸡蛋带皮约 50 克。松花蛋的个头如果比较大，可以用一个。
2. 这款肉丸用空气炸锅烤，不用加一滴油。烤好以后，炸篮的底部会有不少滴下的油脂。这样做出的成品比我们用油锅做出来的健康多了。

酱爆鱿鱼花算是一道很经典的制作简单的海鲜菜肴。这次用空气炸锅来做，只需要将材料拌一拌，烤熟就可以了。这道菜的特色是色泽棕黄、酱香扑鼻。

酱爆鱿鱼花

分量：1盘　　烤制时间：15分钟左右

食材

鱿鱼（约250克）1条，芹菜一小把，洋葱1/3个，胡萝卜1/2根，姜末10克，蒜末20克，料酒10克，甜面酱15克，黄豆酱15克，盐1克，白糖2克，植物油8克

步骤

1. 所有材料准备好。将鱿鱼清洗干净，撕掉表面的薄膜，切成大片。

2. 在鱿鱼片表面改花刀。花刀不要切得太浅也不要把鱿鱼切断了。

3. 将蒜末、姜末、料酒、甜面酱、黄豆酱、盐、白糖、植物油与切好的鱿鱼花刀片混合，腌制20分钟。

4. 芹菜洗干净，切段。胡萝卜部分切成小片，部分切成条。洋葱切条。

5. 在空气炸锅的炸篮上先铺上芹菜段、洋葱条和胡萝卜片、胡萝卜条。

6. 放上腌制好的鱿鱼片，用180℃烤15分钟左右即可。

婶子碎碎念

1. 如果觉得鱿鱼花切起来比较麻烦，也可以直接用鱿鱼片或者切成鱿鱼条。比较介意海产品的腥味的读者，可以将鱿鱼先汆水再烤，这样可以去除部分腥味，还可以缩短烘烤的时间。烤后的芹菜、胡萝卜等口感更嫩。

2. 芹菜、洋葱和胡萝卜需要放到鱿鱼的下面，这样不会将这些蔬菜烤得太干，还可以使蔬菜浸到鱿鱼烤出来的汤汁中。烤制期间也可以给鱿鱼刷几次步骤3的腌料汁使成品颜色更好看。

3. 没有甜面酱和黄豆酱也可以换成豆瓣酱、海鲜酱或者蚝油等调味品。

茄子含有丰富的维生素P。经常吃茄子可以软化血管，还可增强血管的弹性，所以中老年人的饭桌上可以经常上一盘茄子菜。只不过茄子是一种很"吸油"的材料，油放少了成品不好吃，放多了又不健康。那不妨试试用空气炸锅烤的吧。这种做法不那么费油。和鸡肉丝一起用酱拌匀，烤12分钟左右就可以出锅了。

鱼香鸡丝茄条

分量：1盘　烤制时间：12 ~ 13分钟

食材

长茄子2根，青菜椒1个，鸡胸肉1块，盐2克，豆瓣酱15克，白糖2克，植物油8克，香菜叶（选用）少许

步骤

所有材料都准备好。

长茄子先去皮，切成长条，撒上盐静置30分钟。30分钟后茄子条会变软一些，出不少水。将出来的水倒掉。

鸡胸肉切细长条，青菜椒切条，然后和腌制好的茄条放一起。

倒入植物油、豆瓣酱、白糖，翻拌均匀。

将拌匀后的食材放到空气炸锅的炸篮上，用180℃烤12 ~ 13分钟，出锅后用少许香菜叶装饰就可以了。

婶子碎碎念

1. 茄子要先撒点儿盐静置一会儿再放进空气炸锅中烤。直接烤，成品会比较干，不好吃。
2. 鸡胸肉尽量切成细条。如果切得太粗，块太大，很容易造成茄子和青菜椒都烤煳了，鸡肉还不熟的后果。
3. 没有豆瓣酱的读者也可以用其他酱，加一点儿油和食材拌匀。口轻的读者，做的时候也可以不加酱，只加少许油和盐。

地三鲜是一道典型的东北菜，喜欢它的人很多。但传统的地三鲜属于油多的菜，因为土豆和茄子都需要先油炸再炒，才能做得好吃。茄子是"吸油大户"，炸完后基本就是油汪汪的了。有"三高"等症的中老年人都不敢多吃这道菜。现在有了空气炸锅以后，我们就可以将之前需要油炸的食材先用空气炸锅做熟，然后再炒一下，就能减少一大半油。这样就可以放心吃啦。

少油版地三鲜

● 分量：一大盘　　● 烤制时间：25 分钟

食材

长茄子 1 个，土豆（中等大小）2 个，青尖椒 1 个，生抽 15 克，料酒 10 克，蚝油 15 克，白糖 10 克，玉米淀粉 5 克，姜丝 5 ~ 6 条，蒜 6 瓣，植物油 8 克

步骤

1. 所有的材料都准备好。土豆洗干净，去皮。

2. 青尖椒切块。

3. 茄子洗干净后切滚刀块，土豆切块，蒜去皮。将三者用铝箔纸包起来。

4. 放进空气炸锅里，用 200℃ 烘烤 25 分钟。这时候的茄子块和土豆块都已经熟了。

5. 将生抽、料酒、蚝油、白糖、玉米淀粉、50 毫升清水混合在一起调成酱汁。

6. 炒锅中倒入植物油，先放姜丝爆锅，之后将熟的土豆块、蒜瓣和茄子块放进去炒一炒。

7. 浇上刚才调好的酱汁，倒入青尖椒块，将食材充分拌匀，用小火翻炒一会儿，大火收下汁就可以出锅了。

婶子碎碎念

1. 这道菜要灵活使用空气炸锅和铝箔纸，将茄子和土豆先烤熟，然后放入炒锅中，放入酱汁和比较容易熟的青尖椒略微翻炒一下就可以出锅了。

2. 将蒜和其他材料放一起烤会让这道菜更好吃，所以不要省略蒜。酱汁可以根据大家的口味灵活调整。

印度的美食大部分给人以具有浓郁的咖喱味或者是带有味道浓烈的香辛料的印象。这次我们就用咖喱、酸奶再加少许的香辛料，来做这个口感很"印度"的烤鸡腿吃吧。整道菜有咖喱的香料风味，却又因为加入了酸奶，显得比较温润、柔和。总体上说它具有让人很惊喜的味道。

印度风烤鸡腿

分量： 两人份　　**烤制时间：** 18～20 分钟

食材

鸡腿 2 条，酸奶 150 克，生抽 8 克，白糖 2 克，盐 2 克，黑胡椒粉 1 克，姜黄粉 1 克，咖喱粉 2 克，蒜 3 瓣，生菜叶子 2 片，紫甘蓝叶子 2 片

步骤

1. 所有材料都准备好。蒜切蒜粒。

2. 鸡腿斩成大块。一条鸡腿斩成四五块就行。

3. 在一个空的大碗中先倒入酸奶，再倒入咖喱粉、姜黄粉、盐、黑胡椒粉和白糖，最后倒入蒜粒，制成腌料。

4. 将腌料和鸡腿块拌匀，腌制 2 小时以上，也可以放入冰箱中腌制过夜。腌制过程中要搅拌几次。

5. 将腌制好的鸡腿块放到空气炸锅的炸篮上用 180 ℃ 烤 18～20 分钟，烤到鸡腿块表面呈金黄色即可。

6. 将生菜叶子和紫甘蓝叶子都切成丝或者撕成小片，放到盘子中，铺好，再放上炸好的鸡腿块就可以了。

婶子碎碎念

1. 姜黄粉可以去腥气，而且可以给鸡腿上色。在超市里很容易买到姜黄粉，如果没有就省略吧。如果想烤出来的成品的颜色更好看，可以多调一些腌料，在烤鸡腿的过程中，反复刷几次。
2. 酸奶尽量用比较浓稠的那种，这样腌制出来的鸡腿块的味道才比较浓郁。
3. 腌料的配比，大家可以根据自己的喜好调整。腌制的时间越长，成品的味道越浓郁。

娃娃菜味道甘甜，富含维生素和硒。它的钾含量要比白菜高很多。经常有倦怠感的人多吃点儿娃娃菜，会有不错的调节作用。

香烤蒜蓉娃娃菜

分量：两人份　　烤制时间：18 ~ 20 分钟

食材

娃娃菜 1 棵，蒜 6 ~ 7 瓣，小米辣 2 ~ 3 个，葱花 15 克，植物油 12 克，生抽 10 克，蚝油 15 克，白糖 10 克

步骤

所有材料都准备好。将娃娃菜从中间一切为二，再将一半娃娃菜一切为二。全部切好。

蒜切蒜粒，小米辣切圈。

将蒜粒、小米辣圈、葱花混合，放入植物油、生抽、蚝油、白糖、30 毫升清水拌匀，制成调味汁。

在炸篮上铺上油纸或者铝箔纸。将切好的娃娃菜放进去摆好，将大部分调味汁涂抹在娃娃菜的表面。边缘部分也尽量都涂抹到，因为没涂抹到的位置容易烤干。

放入空气炸锅中，用 160℃烘烤 18 ~ 20 分钟。在还剩下10 分钟的时候，将炸篮拉出，用剩余的调味汁继续在娃娃菜的表面涂抹一遍，烘烤到时间结束即可。

婶子碎碎念

1. 烤娃娃菜用的温度不能太高，并且要将娃娃菜的表面都抹上调味汁才好。没抹到的位置直接烘烤会变得很干，易煳。烤到一半左右的时间时，最好在娃娃菜表面再抹一次调味汁。

2. 娃娃菜在烤的时候会出来一些水，所以需要垫着油纸或者铝箔纸来烤，这样烤出来的汤汁可以给娃娃菜入味。烤制期间我们也可以将娃娃菜翻面，这样会烤得均匀一些。

老醋花生是很多人喜欢的下酒小凉菜，别看做法简单，想要做得好吃却不容易。花生米要炸得很脆，酱汁的味道也要刚刚好。花生米用空气炸锅烤制来代替传统的油炸，再淋上拌匀的酱汁，就做成这盘很好吃的老醋花生了。

老醋花生

◎ 分量：一大盘　⏲ 烤制时间：8 ~ 9 分钟

食材

花生米 150 克，花生油 15 克，高度白酒 5 克，香醋 40 克，蚝油 15 克，白糖 25 克，香菜 1 根，洋葱丁 1/2 小碗，蒜 2 瓣

步骤

1. 所有食材都准备好。将花生米放入碗中加花生油拌匀，让每一粒花生米都能包裹上花生油。

2. 将花生米放到炸篮上，用 180℃烘烤 8 ~ 9 分钟，熟了、有香气了即可。这时候可以淋上高度白酒，它能够让花生米一直保持香脆的口感。

3. 来准备拌花生的配菜吧。准备好洋葱丁。蒜切粒，香菜洗干净，切段。

4. 碗中先倒入香醋，然后倒入蚝油、白糖，充分拌匀。

5. 倒入蒜粒、洋葱丁，泡一会儿，充分拌匀，制成调味品。

6. 将拌匀的调味品倒入已经放凉的花生米中，放上香菜段，拌匀。盖上保鲜膜放进冰箱冷藏半小时后再吃，口感会更好。

婶子碎碎念

1. 做老醋花生用的花生米，最好选择那种小而短的红皮花生米，烤出来特别香。出锅前淋一点儿高度白酒，拌匀，可以让花生米保持酥脆的口感。
2. 拌花生的调味品比较重要。这款免熬煮版调味品用了比较浓稠的蚝油，白糖也加得多一些，这样做出的成品才好吃。蒜粒和洋葱丁需要先放到蚝油混合汁里泡一下，然后再拌花生米，这样做出的成品比直接拌的更好吃。
3. 将拌好的花生米冷藏半小时再吃，口感更好，但花生米也不要在调味汁里浸泡太久，否则会变软，口感就不好了。

如果早上没有太多的时间折腾复杂的早餐，可以试试这款香蕉燕麦脆。食材都是常见的，一起拌匀，放到空气炸锅里烘烤一会儿，就变得脆脆的，非常好吃了。我们可以一次多做一些，然后用可以密封的罐子装起来，早上随时取食即可。

香蕉燕麦脆

⏱ 分量：一大罐　🕐 烤制时间：18 ~ 20 分钟

食材

燕麦片 200 克，香蕉 2 根，杏仁片 30 克，南瓜子仁 60 克，玉米油 3 汤匙，蜂蜜 3 汤匙，蔓越莓干 40 克

步骤

所有食材都准备好。香蕉建议用比较熟的那种。

把两根香蕉捣成比较细腻的香蕉泥。

倒入燕麦片，拌匀。

倒入南瓜子仁、杏仁片、玉米油、蜂蜜、蔓越莓干，充分拌匀。

拌好的香蕉燕麦脆用手捏成适口的大小的丸子，即成香蕉燕麦脆生坯，此时的生坯还会有些粘连。把它们均匀地铺到炸篮上。

先用 190℃ 烤 5 分钟。然后拿出来翻动一下，避免表面那层上色过重。再烤 5 分钟，翻动一下。之后将温度降到 150℃，再烤 8 ~ 10 分钟，烤到燕麦脆变干即可。

婶子碎碎念

1. 因为大家用的空气炸锅不同，燕麦片的厚度也不太一样，所以做这款香蕉燕麦脆的时间和温度是相对灵活的。烘烤时间的标准就是能把燕麦片全部烤干即可。
2. 燕麦片建议用那种整片即食的，太碎的烤出来不太好看。
3. 南瓜子仁等坚果也可以换成别的。玉米油换成椰子油，做出的成品更好吃，但椰子油不大常见，所以用了玉米油。我为了方便，把蔓越莓干和其他材料一起放进去了，也可以烤好了之后放蔓越莓干。
4. 将香蕉燕麦脆装罐前一定要彻底放凉，否则下次再吃的时候就不脆了。

有一些调味"神酱",会给我们做菜省下许多时间,红腐乳(南乳)就是其中的一个。像什么腐乳五花肉、腐乳排骨、腐乳鸡翅、腐乳猪蹄等,都因为红腐乳的加入而变得色香味俱全。强烈建议大家试试这款南乳鸡腿。先用红腐乳和白糖腌制,再用空气炸锅烤到外皮脆脆的,做出的成品肉香中带着比较浓郁的南乳味道。没尝试过红腐乳烤鸡腿的读者,一定要试试。

南乳鸡腿

食材

鸡腿（大）1 个，土豆（中等大小）2 个，红腐乳 2 块，料酒 10 克，生抽 10 克，白糖 15 克，姜末 1 小匙，蒜末 1 小匙，香油 5 克，玉米淀粉 5 克，香菇 4 ~ 5 朵，香茅草（选用）少许

步骤

所有食材都准备好。鸡腿泡出血水，清洗干净，在表面划上几刀。

红腐乳放进碗里，再加入生抽、白糖、20 毫升清水，拌成腌制鸡腿的南乳调味汁。

将南乳调味汁、姜末、蒜末、香油、玉米淀粉和鸡腿混合，充分拌匀，再将所有的材料放入保鲜袋中，扎好口以后放进冰箱中冷藏腌制 2 小时以上。

土豆切厚片，香菇去底部后切开，先铺到炸锅的炸篮上，然后将腌制好的腐乳鸡腿生坯放上。

用 180℃ 烘烤 20 ~ 25 分钟。装盘后用香茅草装饰即可。

烤到一半时间时，可以将鸡腿翻个面。出锅前 5 分钟，用步骤 3 保鲜袋里的调味汁，给鸡腿的表面刷一次汁，这样烤出来的皮会脆一些。

婶子碎碎念

1. 鸡腿比较大的话，烤熟需要的时间要长一些。如果想缩短时间，可以将鸡腿斩成小块，这样烤熟的时间会缩短一些，味道也浓郁些。

2. 底部铺上土豆片和香菇块，可以接住烤鸡腿过程中流出的汤汁。这些汤汁可以让土豆片和香菇块更好吃。因为土豆片和香菇块会把炸篮上的网眼挡住，所以烤制期间需要将鸡腿翻面。如果不放土豆片和香菇块就可以不翻面，多刷两三次调味汁即可。

这盘五彩鸡丁炒腰果，用空气炸锅制作十几分钟就可以上桌。端上来后，五颜六色的色彩能让本来食欲不太好的人也可以多吃几口。尤其是酥脆可口的腰果，一会儿就被挑没了。嫌麻烦不想用普通炒锅，又想做一道颜值比较高的菜肴的读者，不妨试试这盘五彩斑斓的鸡丁。

五彩腰果鸡丁

● 分量：1 盘　　● 烤制时间：16 分钟左右

食材

鸡胸肉 1 块，腰果一小碗，黄菜椒 1 个，红菜椒 1 个，青菜椒 1 个，盐 1 克，植物油 8 克，鸡蛋清 1 个，生抽 10 克，白胡椒粉 1 克，玉米淀粉 5 克，蒜片 4～5 片

步骤

所有材料都准备好。腰果用生的就可以。

鸡胸肉切成 1.5 厘米见方的丁后，用蛋清、生抽、白胡椒粉、玉米淀粉、蒜片腌制 30 分钟以上。

三种菜椒切成块。

将腌制好的鸡肉丁先放进空气炸锅里铺平，用 180℃烘烤差不多 10 分钟。

将三种菜椒块和腰果也倒进去，加盐和植物油，和鸡肉丁充分拌匀，用 180℃继续烘烤 6～7 分钟就可以出锅了。

婶子碎碎念

1. 鸡肉可以用鸡胸肉也可以用鸡腿肉。鸡胸肉口感比较柴，加入蛋清和淀粉腌制会让肉更嫩一些。
2. 烤鸡肉需要的时间长一些，烤蔬菜和腰果用的时间短。如果三种菜椒和腰果也是从一开始就放进去烤，那么烤十几分钟就煳了，所以需要在烤鸡肉 10 分钟左右之后再往里放。

传统回锅肉虽然好吃，但不太适合有"三高"的人食用，因为肉本身太肥腻了。中老年人不建议经常吃，但有了空气炸锅以后，我们完全可以将传统回锅肉里的油脂去掉大半，让更多的人解馋。

川味回锅肉

◎ 分量：一大盘　⚡ 烤制时间：16～17分钟

食材

五花肉 200 克，香干 100 克，生抽 10 克，郫县豆瓣酱 30 克，白糖 15 克，料酒 10 克，蒜 2 瓣，青蒜 2 根，小米辣 2 根

步骤

1. 所有的材料都准备好。

2. 五花肉切成比较薄的片。

3. 香干切长条，蒜切片，青蒜切长段，小米辣切圈。

4. 在五花肉片中倒入生抽、料酒、郫县豆瓣酱、白糖、蒜片，充分拌匀，腌制 30 分钟。

5. 将腌制好的五花肉片连同腌制时用的调味料一起放到空气炸锅的炸篮上。

6. 用 180℃ 先烘烤 10 分钟，之后将抽屉抽出来，把切好的香干条、青蒜段和小米辣圈也放进去，和五花肉片充分拌匀，继续烘烤 6～7 分钟即可。

婶子碎碎念

1. 制作传统的回锅肉需要将五花肉片先余再炒，让肉片出锅时呈灯盏窝儿状。用空气炸锅做就直接将肉片先烤一下，然后再和其他材料混在一起制作。这道菜也不用放油了，因为五花肉在烘烤中会出来不少油。

2. 如果买不到青蒜，也可以用青菜椒或者青尖椒来代替。香干也可以不放。香干条、青蒜段、小米辣圈这些材料如果一开始就放进去和五花肉片一起烤容易烤糊，所以需要将肉片烤 10 分钟后再放进去。这样做出的成品比较好。

栗子素有"干果之王"的美誉，不但味道好，而且还有丰富的营养。中老年人常吃栗子在一定程度上可实现延年益寿的愿望。这道板栗养生鸡，就是把板栗和脂肪含量低的鸡肉一起入菜做成的。从空气炸锅中端出来的那一刻，栗子光亮、入味，令人食欲大动。

板栗养生鸡

分量：两人份　　烤制时间：17～18分钟

食材

鸡翅根 4～5 个，板栗 100 克，洋葱（小）1 个，蒜 2 瓣，番茄酱 20 克，蜂蜜 20 克，生抽 20 克，料酒 10 克，黑胡椒粉 1 克，盐 2 克，香茅草（选用）少许

步骤

所有材料都准备好。板栗用沸水煮 3～4 分钟，去皮。

洋葱切小块，蒜切片。

鸡翅根清洗后在表面划上几刀。将洋葱块和鸡翅根混合，倒入蒜片、番茄酱、蜂蜜、生抽、料酒、黑胡椒粉、盐。

所有的材料充分抓匀，腌制入味 2 小时以上。有条件的可以腌制过夜。

板栗一切两半。找一个耐高温的大碗或者铝箔纸碗，将板栗块放进去，铺好。

将腌制好的洋葱块和鸡翅根放到板栗块上面。将腌制用的酱汁也倒进去，用 190℃ 烘烤 17～18 分钟。装盘后用香茅草装饰即可。

婶子碎碎念

1. 板栗直接生烤容易烤干，也不容易熟，可以提前用沸水煮一会儿，这样既方便给板栗去皮又能避免烤完后有夹生的口感。

2. 鸡翅根是和板栗块、洋葱丁一起烤的。因为需要用烤出来的汤汁去浸润板栗块和洋葱丁，让它们更好吃，所以需要将食材放入能接汤汁的容器中，再将容器放进空气炸锅中烘烤。放入容器后，食材下面就不透气了，所以烤制期间需要将鸡翅根翻面。

3. 烘烤的时间会因为材料的多少不同而出现差异。推荐的配方里放的鸡翅根比较多，再加上不是直接放在炸篮里烤，所以烘烤时间比较长。大家烤的时候，要根据自己的情况灵活调整。

秘制叫花鸡

早年间，叫花鸡并不是一道能登大雅之堂的菜，因为据说它是穷苦的乞讨者（民间俗称是叫花子）制作的。传统做法是先用泥巴把鸡包起来，然后放到火里烤。等外面的泥巴烧烫了，里面的鸡也就熟了。这种做法后来被大厨们加以改进并发扬光大后，叫花鸡就闻名了。今天我们用空气炸锅试着做一下吧。

食材

◎ 分量：1只　　◎ 烤制时间：1.5 小时

做鸡的材料： 三黄鸡（小）1只，黄酒15克，椒盐粉2克，盐2克，生抽20克，老抽10克，白糖15克，小葱3根，姜片7～8片，蒜8瓣，鲜香菇7～8朵，荷叶2～3张

面皮材料： 普通面粉350克，水180毫升左右，白酒10克

步骤

1 所有材料都准备好，三黄鸡洗干净后掏空腹部。

2 在鸡的表面涂抹上黄酒和椒盐粉。小葱切小段。

3 取 1/3 的姜片、蒜瓣、葱段，放到鸡上。

4 将30毫升水（分量外）和生抽、老抽、盐、白糖混合在一起，调成味汁。

5 把味汁淋在鸡上。将所有材料充分抓匀。将调味料在鸡身上按摩四五分钟后，冷藏2小时以上。

6 将鸡从腌制用的容器中取出。鲜香菇切片，放在腌制鸡的调味料中，腌制15分钟。

将腌好的香菇片和剩下的葱段、蒜瓣、姜片一起塞入腌制好的鸡的肚子中。

用 2 ~ 3 片荷叶将整只鸡包裹严实，用棉线将荷叶鸡整个扎紧。

面粉加水、白酒揉成一个光滑的面团。

将面团擀成一个大面片，用面片将荷叶鸡包起来。

将封口位置捏紧，朝上放。用牙签在表面戳几个洞，再放进空气炸锅里。

用 200℃烤 1.5 小时。烤完后的面片会变成那种有些硬的壳。

把烤好的材料拿出来。先把外面的面壳敲开，再把荷叶打开，里面就是香喷喷的叫花鸡了。

婶子碎碎念

1. 传统的叫花鸡是把鸡包上荷叶后外面再裹上一层泥巴烤的，这里将泥巴改为面皮。在外面包一层面皮，戳几个眼儿避免烤制期间面皮膨胀烤爆了。

2. 鸡要先腌制入味，之后在肚子里塞上香菇、葱、姜等材料再烤。因为空气炸锅里的空间比较小，所以大家买的鸡要小一些，以能放进你的空气炸锅为准。做这道菜就不需要把鸡放到炸篮上了，直接放到锅里烘烤即可。

3. 鸡是闷着烤的，为了避免漏汤，我们需要用荷叶将鸡包裹严实了，特别是底部尽量不要有缝隙。外面面皮的封口的缝隙要朝上放，避免漏汁。

香葱肉松戚风

空气炸锅可以烤很多东西，戚风蛋糕当然也可以搞定。只不过空气炸锅里的空间比较小，热风比较强劲，所以烤的时候需要将温度和时间稍微调整下。这款香葱肉松味的戚风蛋糕，用空气炸锅烤出来也是香喷喷的。怕甜的人也会爱上这款带点儿咸味的蛋糕的。

食材

🍊 分量：6英寸戚风（直径大约为15厘米）一个　　🔥 烤制时间：42分钟左右

鸡蛋（带皮约60克一个）3个，低筋粉60克，牛奶50克，细砂糖50克，玉米油30克，柠檬汁或白醋2～3滴，葱花15克，盐3克，肉松25克

步骤

1 所有材料都先准备好。蛋黄、蛋白分离，分别放入不同的无水、无油的大碗中。

2 蛋黄中倒入牛奶、20克细砂糖、盐，拌匀，倒入玉米油拌匀，充分搅打至乳化，不要打到水油分离。

3 筛入低筋粉，撒入2/3的葱花和一半的肉松，用蛋抽子画Z字搅拌至面糊顺滑有光泽，不要搅拌到出筋。

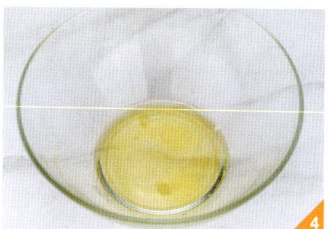

4 再来打发蛋白。先在蛋白中滴入柠檬汁或者白醋，之后开始搅打。

5 一边搅打一边将30克细砂糖分三次放进蛋白中。第一次加糖是在打到有鱼眼泡出现时。

6 打到有细泡时进行第二次加糖，打到有细纹出现时进行第三次加糖。

一直打到抬起蛋抽子头有小弯角出现，蛋白霜就做好了。

先取1/3蛋白霜放到蛋黄糊中，用硅胶刮刀切拌均匀。

将拌好的混合蛋黄糊倒入剩下的蛋白霜中。先切拌，再自上而下翻拌均匀。切记不要画圈拌，以免消泡。

拌好的蛋糕糊应该呈现提起硅胶刮刀能很缓慢地滴落的状态。

将蛋糕糊倒入6英寸戚风活底模具中，到七分满即可。表面撒上剩下的葱花、肉松。双手捧起模具，轻摔几下，震出大气泡。

空气炸锅提前用160℃预热3～4分钟，放入蛋糕模具。先用160℃烤6～7分钟让表面定型，之后把温度降到140℃，继续烘烤35分钟左右即可。

婶子碎碎念

1. 有些空气炸锅的热风比较大，容易把蛋糕表面吹得开裂、不平整，可以烤六七分钟后用刀子在蛋糕表面划个十字，这样烘烤后蛋糕表面会顺着割痕均匀裂开，比较好看一些。

2. 空气炸锅的空间都比较小，底部没有加热管，所以我感觉烤定型后用140℃烤35分钟应该就熟了，但有的朋友用的空气炸锅的温度可能会偏高或者偏低些，所以最后几分钟大家还是根据自己的锅的温差灵活调整下，用竹签或者筷子戳进去看看熟不熟。

烤虾是很多烧烤摊上最常见的烧烤食品，常见的口味有椒盐味、黑胡椒味、麻辣味等。这次我们来尝试做一款有些清新口味的烤虾吧，就是这款用铁观音做的茶香酥皮虾。烤完后的虾肉不但鲜美弹牙，还有一股清新的茶香。

茶香酥皮虾

● 分量：一大盘　● 烤制时间：10 ~ 12 分钟

食材

铁观音茶叶 20 克，热水 100 毫升左右，鲜虾 200 克，料酒 10 克，盐 1 克，白胡椒粉 1 克，葱白少许，姜片适量，植物油 10 克，玉米淀粉 10 克，红菜椒末（选用）少许

步骤

所有材料都准备好。

铁观音茶叶用热水冲开。水变成颜色有些深的茶汤。

鲜虾去虾线和虾须。开背，这样更好入味。放入姜片、葱白、料酒、盐、白胡椒粉。

铁观音茶汤放凉以后，将茶叶过滤出来。过滤出的茶叶留用。将茶汤倒入虾中，拌匀腌制 15 分钟。

过滤出来的铁观音茶叶铺到空气炸锅的炸篮上。

将腌制好的虾两面都蘸上玉米淀粉，放到茶叶上，之后用刷子或者喷油壶在虾的表面刷上或者喷上植物油，用 200℃烘烤 10 ~ 12 分钟，烤到虾皮变得金黄，撒点儿红菜椒末就可以出锅了。

婶子碎碎念

1. 这道菜是从茶香干煸虾演化而来的。做茶香干煸虾要用很多油将虾炸到酥脆，然后和茶叶一起干煸。用空气炸锅做可以省去炸虾用的一锅油，用高温快烤一样可以让虾变得酥脆。但因为大家的空气炸锅有温差，所以烤到 10 分钟的时候就要注意看一下，别烤煳了。

2. 在虾的表面蘸上一层玉米淀粉再喷上少许油，可以让虾在高温烘烤后形成一层脆皮，让虾的外壳更加酥脆。

3. 做这道菜用的茶叶，最好是铁观音，它和海鲜搭配比较适宜。先用热水将茶叶泡开，取茶汤腌制虾，给虾带来茶的香味。茶叶泡过后再放入空气炸锅中烤就不会烤煳了。

南瓜和排骨这两种食材，放在一起烤没想到会特别好。上层的排骨经过高温烘烤后，出来的肉汁直接渗透到下层的南瓜里面，让整道菜吃起来咸香多汁。南瓜算是粗粮主食，本身烤完后就口感甜绵绵的，再配上豆豉味的排骨肉汁，更是美味。这一大盘很快就被大家清盘了。

南瓜豆豉排骨

◎ 分量：一大碗　🕐 烤制时间：18 ~ 20 分钟

食材

肋排块 250 克，南瓜 200 克，生抽 10 克，豆豉酱 15 克，白糖 3 克，蛋清 1 个，玉米淀粉 3 克，葱花少许，红尖椒圈（选用）少许

步骤

1 所有食材都准备好。我用的普通的南瓜，你也可以换成贝贝南瓜，可能会更好吃。

2 肋排块用清水泡一会儿去掉血水。

3 将肋排块和生抽、豆豉酱、白糖、蛋清、玉米淀粉拌匀，腌制 1 小时以上。

4 南瓜去皮后切片，铺到耐高温的铝箔纸圆碗里，将圆碗放到空气炸锅的炸篮上。

5 在南瓜片上铺好腌好的肋排块，用 180℃烤 18 ~ 20 分钟。烤制期间可以将肋排块翻面。烤到南瓜片变软，肋排块熟了就行了。出锅后用葱花和红尖椒圈装饰即可。

婶子碎碎念

1. 如果买不到豆豉或者豆豉酱，用豆瓣酱或者烧烤酱来代替也是可以的。
2. 南瓜片尽量不要切得太厚。肋排块要把南瓜片全盖住，这样烤的过程中，从排骨中出来的汁才能完全浸透南瓜片，否则南瓜很容易烤得过干。
3. 这道菜需要用耐高温的容器盛烤出来的汤汁，但这样做，底部就不通风了，烤制期间需要将肋排块翻面。

狼牙土豆因为具有用波浪刀切出的形似狼牙的花纹而得名。这次做的是非油炸的空气炸锅版本，食用起来更健康，制作也更为简单。它的饱腹感很强，既可当菜也可当主食。天气热，懒得进厨房的时候快来试试吧！

狼牙土豆条

◎ 分量：一大盘　⏱ 烤制时间：18 分钟左右

食材

土豆（中等大小）2 个，白糖 5 克，醋 10 克，蚝油 25 克，生抽 10 克，香菜 1 棵，蒜 2 瓣，植物油 10 克，白芝麻 2 克

步骤

所有材料都准备好。

土豆去皮，用波浪刀切成长 6 厘米、宽 1 厘米左右的狼牙状土豆条，放到水里泡一泡。

香菜洗净，切小段。蒜切片。

将蚝油、生抽、白糖、醋、植物油、蒜片、白芝麻倒入狼牙土豆条中拌匀。

将步骤 4 的所有材料全部倒到炸篮上，用 180℃ 烤 18 分钟左右。

烤制期间可翻拌一次，出锅后撒香菜段装饰即可。

婶子碎碎念

1. 想吃口感脆一些的土豆条，切好以后将土豆条泡凉水后再做。想吃口感糯一些的，就不用泡了，直接烤即可。
2. 能吃辣的读者，也可以放入少许辣椒碎。

蒜香和肉香是两种特别适合搭配的味道。将用大量的蒜末腌制的猪排炸到呈金黄色、外焦里嫩，这样的食物吃上一块就让人满口留香。特别是用空气炸锅做的，不放或者少放油就能做出油炸食物的效果。大家可以放心多吃几块了。

蒜香烤猪排

食材

◎ 分量：一大碗　　⏱ 烤制时间：18 ~ 20 分钟

做猪排的材料： 猪排 250 克，蒜 7 ~ 8 瓣，鸡蛋 1 个，玉米淀粉 5 克，生抽 15 克，料酒 10 克，盐 2 克，白糖 5 克，黑胡椒粉 2 克，孜然粉 1 克，黄金面包糠 20 克

装饰材料（选用）： 圣女果块少许，熟玉米粒少许，香茅草少许，紫甘蓝丝少许，胡萝卜片少许

步骤

猪排清理干净后，用松肉锤将两面都打松，这样做出的成品吃起来口感比较好，比较松软。

蒜切蒜末，倒入猪排中。

倒入生抽、料酒、盐、白糖、黑胡椒粉、孜然粉、鸡蛋、玉米淀粉拌匀，腌制 2 小时以上。也可以送入冰箱腌制过夜。

腌制好的猪排放到黄金面包糠中，将正反面都裹满面包糠。

放到空气炸锅的炸篮上，用 190℃烤 18 ~ 20 分钟。装盘后，用装饰材料装饰即可。

婶子碎碎念

1. 如果猪排比较大，可以切成两块来烤。一定要先将肉打松，这样做出来的成品口感才好。

2. 这款猪排的特点是蒜香味浓郁，所以能多加蒜就多加吧。烤之前也可以用喷油壶在猪排表面喷一点儿植物油（分量外），这样烤出来的成品的口感更脆。给患有"三高"的人吃，做的时候就不要喷油了。

三鲜四季豆

- 分量：两人份
- 烤制时间：15 ~ 16 分钟

食材

四季豆 150 克，松花蛋 1 个，蒜 3 瓣，虾仁 5 ~ 6 个，花椒 20 粒，辣椒碎 1 克，豆瓣酱 10 克，生抽 10 克，植物油 10 克

步骤

四季豆清洗干净，掐去两头，去丝，切成 5 厘米长左右的段。

松花蛋去皮后切小块。虾仁切小块。蒜切粒。

将四季豆段和蒜粒放在一起，倒入生抽、豆瓣酱、花椒、辣椒碎、植物油拌匀。

铺到炸篮上用 180℃ 先烤 10 分钟，之后将松花蛋块和虾仁块也放进去，继续烤 5 ~ 6 分钟即可。

婶子碎碎念

1. 生四季豆里含有毒素，如果吃了不熟的四季豆容易发生食物中毒事件。制作的时候需要先把四季豆的两头去掉。必须要烤 15 分钟以上，四季豆才能全熟。如果不放心，也可先用沸水将四季豆煮两分钟，然后再烤。这样就可以直接和松花蛋、虾仁放在一起烤了，用 180℃ 烤 10 分钟就差不多了。

2. 如果你爱吃肉，也可以加入猪肉糜，跟四季豆一起拌匀后烤制。做出的成品会更好吃。

好多孩子喜欢吃快餐店里的油炸食品，或者是超市里的薯条、薯片等零食，因为这些食物，大都有着酥脆可口的口感。但是它们几乎没什么营养，有的还有不少的食品添加剂，所以家有贪吃零食的娃儿的妈妈们也需要一款空气炸锅来给孩子做健康少油、吃着放心的美食。这不但能保护孩子们喜欢分享美食的天性，还可以让他们少吃或者不吃外面的不健康食品。

Part

3

孩子爱吃的菜

这款紫薯花生外面包裹了一层嘎嘣脆的紫薯酥皮，咬开后就是浓香的烤花生米了。自己做可以使用货真价实的紫薯泥制作，做出的成品香气浓郁。它烤出来以后，小朋友们看见了都得抓一把，特别受欢迎。

紫薯花生

● 分量：大约 140 颗　　● 烤制时间：29 分钟左右

食材

紫薯 1 个，低筋粉 70 克，奶粉 10 克，细砂糖 15 克，泡打粉 3 克，花生米 250 克

步骤

1. 花生米放入空气炸锅中，用 180℃烘烤 8～9 分钟，烤出香味。

2. 放凉后搓去花生米的红色外衣。尽量让花生米保持整颗的状态。

3. 紫薯提前蒸熟，碾成紫薯泥。取 130 克左右的紫薯泥放入大碗中。

4. 向装有紫薯泥的碗中倒入细砂糖、泡打粉、低筋粉、奶粉，用刮刀翻拌均匀，团成紫薯面团。

5. 取 2 克左右的紫薯面团，包入一颗去皮的花生米。按此法依次做完剩下的材料。

6. 将包好的紫薯花生生坯放到炸篮上，用 150℃烘烤 20 分钟左右即可。

婶子碎碎念

1. 因为紫薯含水量不同，所以加入的低筋粉的量可以灵活调整。紫薯面团团至可以成团，不会散开也不会太粘手即可。

2. 为了让紫薯的颜色明艳、好看一些，需要将炸锅温度调到 150℃或者 140℃烘烤 20 分钟左右。烤制期间要注意观察紫薯的颜色，温度如果过高，容易将紫薯原先的紫色烤成浅咖啡色。

3. 做好的面团，制作了大约 140 颗紫薯花生。你可以按比例调整材料的分量，一次多做点儿。

用空气炸锅做的干脆面,是小朋友们都爱吃的小零食。你只要在煮熟的面条上撒上点儿调料,然后将其烘烤到完全变干,就能得到一款酥脆可口的小零食了。我们来做一款升级版的,试试这款茄汁口味的螺纹意面吧。没想到用意面做出来的成品的口感,比普通的干脆面的口感更好。

螺纹意面脆

食材

分量: 1盘   **烤制时间:** 20分钟左右

螺纹意面150克,植物油15克,番茄酱10克,黑胡椒粉2克,盐1克,细砂糖2克

步骤

1. 所有食材都准备好。

2. 锅中加入水,烧开,加少许盐。放入螺纹意面煮约15分钟至彻底煮熟。

3. 捞出来过凉水,再沥干水,备用。

4. 向意面中倒入植物油,充分拌匀。

5. 倒入番茄酱和黑胡椒粉,再加入剩余的盐以及细砂糖,充分拌匀。

6. 将意面平铺到空气炸锅的炸篮上,用180℃烤20分钟左右。烤制期间每隔几分钟就将意面翻拌一下,一直烤到意面变干。取出来,凉凉食用即可。

婶子碎碎念

1. 意面煮出来后一定要先过凉水再沥干水,这样做出来的成品的口感才好,也可以减少烘烤时间。

2. 如果时间充裕,你可以将意面分成2~3份来烤,这样每次烘烤的时间可以缩短。如果是一次烤完,烤制期间一定要拿出来翻拌几次,避免压在底下的意面烤不透。

吃多了奥尔良烤翅等重口味的烤鸡翅后，来尝试一下这款小清新的果香味鸡翅吧！我是用红西柚来做的。这种柚子个头不大，但汁水却很多，而且味道不那么甜，还含有丰富的维生素C以及膳食纤维。用它和鸡翅一起烤制，做出的成品带着些酸甜口味，小朋友们很爱吃。

柚香鸡翅

分量：1 盘　　烤制时间：18 ~ 20 分钟

食材

鸡翅中 10 个，红西柚 2 个，生抽 10 克，蜂蜜 15 克，盐适量，白糖 5 克，青柠檬块（选用）少许

步骤

所有食材准备好。红西柚清洗干净，用盐搓一下表面。

用削皮刀将一个半的红西柚的黄色外皮先刮下来，然后切碎备用。红色的柚子肉外面的白膜要清理干净。剩下的半个红西柚带皮切成片状。

在鸡翅中表面划几下。将红西柚果肉使劲挤压，将压出的柚子汁与鸡翅中混合。

将切碎的柚子皮、生抽，蜂蜜、2 克盐、白糖一起倒进盛鸡翅中的容器中，拌匀，腌制 1 小时以上。

将切好的红西柚片，放到炸篮上，将腌好的鸡翅中铺在上面，用 180℃烤 18 ~ 20 分钟，取出装盘后用青柠檬块装饰即可。

如果想将鸡翅中烤得更好看，可以在烤到七八分钟后给鸡翅中表面刷点儿步骤 4 里腌鸡翅中的料汁。这样做出来的成品的颜色会更好看。

婶子碎碎念

1. 红西柚的汁有点儿酸，所以需要加蜂蜜与白糖来中和。用生抽给鸡翅中上色，会使其更入味。盐用来调味道。你也可以将红西柚换成橙子或者菠萝等水果。
2. 红西柚果肉外的白膜有苦味，所以大家尽量将白膜去得干净一些。
3. 家里有蜂蜜柚子茶的读者，也可以直接用它来腌制鸡翅中，做出的成品的味道也很好。

普通可乐饼虽然好吃但营养价值并不大，因为使用的材料比较少。这款用新鲜鱼肉与富含膳食纤维的燕麦片做成的升级版的鱼肉可乐饼，更适合给小朋友们吃。将本属于快餐食品的普通食物直接升级为儿童营养餐。

宝宝鱼薯饼

食材 ⊙ 分量：大约 13 个　⊙ 烤制时间：鱼肉烤制 23 分钟左右，饼坯烤制 14 ～ 15 分钟

即食燕麦片 30 克，巴沙鱼肉（或其他少刺无骨鱼肉）250 克，盐 2 克，生抽 10 克，黑胡椒粉 2 克，土豆（大）1 个，胡萝卜 1/2 根，蛋清 1 个，鸡蛋 1 个，玉米粒一小碗，豌豆粒一小碗，面包糠一小碗，植物油少许，柠檬少许，番茄酱（选用）少许

步骤

1. 所有食材都准备好。胡萝卜切丁。

2. 鱼肉切小块，加入少许盐、少许黑胡椒粉以及生抽、柠檬挤出的柠檬汁，拌匀，腌制 20 分钟。

3. 放进空气炸锅中用 180℃ 烤 8 分钟左右，到鱼肉变熟。

4. 土豆蒸熟后碾压成泥。熟鱼肉斩碎，和胡萝卜丁、玉米粒、豌豆粒、蛋清一起放到土豆泥中，加入燕麦片和剩余的盐、剩余的黑胡椒粉。

5. 用筷子顺一个方向搅拌均匀并且有些上劲儿就可以了。

6. 取适量的鱼肉燕麦土豆泥团成球再压成饼坯，放到鸡蛋液中蘸一下，再放到面包糠中滚一圈，使饼坯两面都蘸上面包糠。

7. 用刷子在饼坯表面刷少许植物油。

8. 放进空气炸锅中用 190℃ 烘烤 14 ～ 15 分钟。烤制期间可以将鱼薯饼翻一次面，烤到鱼薯饼表面变得金灿灿的即可。出锅后挤上少许番茄酱吃，更美味。

婶子碎碎念

1. 鱼肉要先烤熟或者蒸熟了再用。如果直接放进去土豆泥里一起烤，做出的成品腥味比较大。

2. 如果怕鱼薯饼粘住炸篮，可以在炸篮中铺上油纸再放入鱼薯饼，但因为油纸会阻碍炸篮的上下通风，所以烤制期间需要将鱼薯饼坯翻面 1 ～ 2 次。

这款外形很像油炸热狗的黄金米饭棒，外面裹着酥脆的面包糠，里面就是有滋有味的饭团和咸香适口的烤香肠。一口咬下去，加上番茄酱的酸甜口感，让我们都欲罢不能。做成图中的样子方便小孩儿人手一个拿着，吃起来也好玩得很。

黄金米饭棒

分量：6 个　　烤制时间：15 分钟

食材

细长火腿肠 3 根，米饭一大碗，豌豆粒一小碗，玉米粒一小碗，胡萝卜丁一小碗，烤肉酱 25 克，黑胡椒粉 1 克，盐 3 克，鸡蛋 1 个，面包糠一小盘，番茄酱适量，植物油适量

步骤

1. 玉米粒和豌豆粒提前煮熟，胡萝卜丁也需要烫熟。

2. 将熟玉米粒、熟豌豆粒、熟胡萝卜丁放进米饭里。

3. 加入烤肉酱、黑胡椒粉、盐拌匀。

4. 将火腿肠分成两半，分好后分别串到竹扦上。

5. 取适量米饭混合物按压成片。将火腿肠放到中间位置，包起来。

6. 把所有的火腿肠都包成梭子的形状。

7. 鸡蛋打散放入碗中。将步骤 6 做好的"梭子"均匀地裹上一层鸡蛋液，再蘸上一圈面包糠，放到炸篮上。

8. 在表面喷点儿植物油，用 180℃烘烤 15 分钟，装盘后抹点儿番茄酱即可。

婶子碎碎念

1. 没有烤肉酱的读者可以用 20 克味极鲜酱油、5 克细砂糖、1 克五香粉代替。

2. 米饭混合物一定要先压紧，再包入香肠。要是做得松松垮垮的，烤完后一拿起来，米饭棒就散开了。不太会操作的读者，可以将米饭铺到保鲜膜上，放入火腿肠后利用保鲜膜压紧就可以把火腿肠包得很紧了。利用保鲜膜还不会粘手。

酸甜味的番茄小蛋糕很适合当全家人的早餐，能量满满，而且只需要将食材放一起拌一拌就能烤制出来。5分钟就能做好面糊，烤20多分钟就可以吃了。早上来不及做，也可以晚上做好，早上喷点儿水用烤箱或者空气炸锅用160℃烤五六分钟就可以了。

番茄小蛋糕

分量：6 个纸杯蛋糕　　　烤制时间：20 ~ 22 分钟

食材

低筋粉 180 克，泡打粉 5 克，鸡蛋（带皮约 45 克一个）2 个，细砂糖 25 克，番茄酱 25 克，盐 4 克，玉米油 50 克，牛奶 85 克，番茄 150 克，火腿 80 克，奶酪 80 克

步骤

1. 所有的材料都准备好。火腿切丁，番茄切丁，奶酪切丁。

2. 鸡蛋打散以后加入细砂糖、盐、牛奶、番茄酱，拌匀。

3. 一边倒入玉米油一边搅拌均匀，要避免水油分离。

4. 筛入低筋粉和泡打粉的混合物，用蛋抽子画 Z 字形，拌匀，拌到没有干粉的状态。

5. 将切好的大部分番茄丁、大部分奶酪丁以及火腿丁放进去，拌匀。

6. 用勺子将蛋糕糊均匀地舀入纸模中，至七八分满就可以了，在表面撒剩下的番茄丁和奶酪丁装饰下。

7. 空气炸锅先用 170℃预热 2 分钟，然后将蛋糕生坯放进去，烘烤 20 ~ 22 分钟，烤到表面有些上色，用牙签戳下蛋糕里面不粘连、完全变熟就可以出炉了。

娇子碎碎念

1. 不要省略泡打粉，否则蛋糕没有膨胀效果。

2. 这是一种玛芬蛋糕。这种蛋糕不难做，特别适合新手或者赶时间的人制作。搅拌过程中，一要注意油和蛋液、奶的搅拌，不能搅拌到水油分离。另外，拌面糊时不要画圈，画 Z 字形拌匀就可以了，否则面糊会起筋。面糊起筋后做出的成品的口感会比较差。

3. 这款蛋糕不建议用太大的模具做，要不然容易烤不透。我用这个小蛋糕纸模，将面糊装七八分满，烤 20 分钟就出炉了。因为空气炸锅内部风力强大，所以小蛋糕表面会有些开裂。介意的话，可以用别的材料稍微装饰一下。

彩色鸡肉卷

　　用大自然赐予的天然色彩，给孩子们做这款春意盎然的彩色鸡肉卷吃吧！我用的是番茄汁和油菜汁。你也可以换成胡萝卜汁或者菠菜汁、紫甘蓝汁等蔬菜汁。饼里面包的是用空气炸锅烤出去部分油脂的鸡肉条，让你不用怕吃胖。

食材

⊙ 分量：12 个　⊙ 烤制时间：18 分钟左右

番茄饼材料： 番茄汁 160 克，普通面粉 250 克，玉米油 5 克，酵母粉 1 克，细砂糖 5 克，盐 2 克

油菜饼材料： 油菜汁 160 克，普通面粉 250 克，玉米油 5 克，酵母粉 1 克，细砂糖 5 克，盐 2 克

夹馅儿材料： 鸡胸肉一大块，生抽 10 克，料酒 10 克，蚝油 10 克，黑胡椒粉 1 克，鸡蛋 1 个，黄金面包糠 80 克，黄瓜 1/2 根，生菜 2 片，番茄酱少许，沙拉酱少许

步骤

1. 所有食材都准备好。这里用的番茄汁和油菜汁可以用破壁机或者原汁机榨出来。

2. 鸡胸肉切条，加入生抽、料酒、蚝油、黑胡椒粉抓匀，腌制两小时以上。黄瓜切丝。生菜撕碎。

3. 用两种饼的材料分别揉成面团，盖上保鲜膜，静置1小时。

4. 腌制好的鸡肉条先放进鸡蛋液里裹一层蛋液，再蘸上黄金面包糠。

5. 放到空气炸锅里，用180℃烘烤18分钟左右。

6. 静置好的两个面团先按压排气，然后将每个面团都平均分成6个小面团再滚圆。

7. 取一个小面团，擀成厚度约0.2厘米的圆薄片，然后放进抹了油（分量外）的平底不粘锅内用小火加热，烙到两面都熟了就可以出锅了。

8. 取一个烙好的饼，先在一半的饼上铺上生菜叶碎，再放上适量的黄瓜丝和烤熟的鸡肉条，最后挤上少许沙拉酱、番茄酱卷起来。将所有的鸡肉卷都做好就可以了。

婶子碎碎念

1. 因为大家榨出来的果蔬汁的含水量和面粉的吸水性能都不同，所以配方里的果蔬汁的量要根据你的面团的柔软度灵活调整下，用量以能揉成一个光滑的面团为准。
2. 不想做彩色面饼的，可以直接买春饼或者用超市那种速冻的手抓饼来做。

这是一份看着就很有食欲的烧烤菜。鲜嫩的大虾外面包上一层鲜咸的培根，再裹上面包糠，炸到外壳酥脆，让你一次就可以享受三重口味。将它给娃娃们吃或者是宴客都很合适。它的做法也特别简单。

大虾培根卷

食材

大虾6只，料酒10克，姜丝适量，黑胡椒粉0.5克，盐0.5克，培根片3片，植物油5克，鸡蛋液40克，面粉20克，黄金面包糠20克

步骤

1 所有材料准备好。大虾清洗干净后去掉虾线、虾须。

2 放入料酒、姜丝、黑胡椒粉、盐腌入味。

3 将培根片一切为二，取一半将大虾的中段包起来。

4 在面粉里蘸一蘸，裹上鸡蛋液，蘸上面包糠。

5 平铺到炸锅的炸篮上，用刷子在表面刷上植物油。

6 用190℃烘烤10分钟左右，烤到培根片变成金黄色就可以出锅了。将所有材料依次做完即可。

婶子碎碎念

1. 大虾需要用高温快烤，这样可以保持虾肉鲜嫩的口感。
2. 培根上面也可以撒少许马苏里拉芝士丝，这样做出的就是芝士烤虾了。
3. 一片培根切开，用一半包裹虾即可。如果培根包得太厚了，里面的虾肉不容易烤熟。

这款简单又带点儿创意的芝士炸肉卷，
有着金灿灿的外表和咸香的内心。一口下去，
芝士的奶香味和烤肉的味道融合在一起，太
解馋了。

香酥芝士肉卷

分量：6 个　　　　烤制时间：10 分钟左右

食材

芝士片 6 片，培根片 6 片，香葱碎 10 克，鸡蛋 1 个，玉米淀粉一小碗，黄金面包糠 25 克，植物油少许

步骤

将所有的材料准备好。

将每个芝士片折两次。

将折好的厚芝士片放到培根片的一边上，用培根片把芝士片卷起来。

香葱碎放到蛋液中拌匀。

将芝士培根卷先放入玉米淀粉里蘸一蘸，然后放到香葱碎蛋液中均匀地裹上鸡蛋液，再放到黄金面包糠中蘸一圈。

将芝士培根卷生坯放到炸篮上，用喷油壶喷少许植物油，用 190℃烤 10 分钟左右，至表面变得金灿灿的就可以了。

婶子碎碎念

1. 因为这款肉卷是用空气炸锅烤的，所以裹上面包糠后最好在表面抹上油或者是用喷油壶喷点儿油，这样烤后的外壳才会比较酥脆。
2. 芝士片一般都是正方形的，我们把它折两次，再用培根包就比较容易包起来了。

南瓜紫薯小饼

做这款粗粮小饼，只需要将南瓜泥和糯米粉和成团，再包入蒸熟的紫薯馅儿，做成饼就可以了。一口咬下去，南瓜泥做的饼皮软糯可口，紫薯馅儿则顺滑香甜。怕吃胖的读者可以少放点儿蜂蜜。如果是给小朋友们吃，那就可以做得更香甜一些了。

食材

分量： 大约 11 个　　　　**烤制时间：** 13 分钟

南瓜适量，水磨糯米粉 200 克，紫薯适量，蜂蜜 35 克（20 克做饼皮用，15 克做紫薯馅儿用），牛奶 25 克，白芝麻适量，植物油少许

步骤

所有食材都准备好。

南瓜去皮、切块，蒸熟蒸透，碾成泥。取 200 克南瓜泥加入糯米粉和 20 克蜂蜜，搅拌均匀。

团成一个柔软的团。

紫薯蒸熟，碾成泥。取 170 克左右的紫薯泥，加入牛奶和 15 克蜂蜜拌匀，团成团。

将南瓜团和紫薯团分别平均分成 11 份。分别团成小团。

取一个南瓜小团拍扁后包入一个紫薯小团。

将包好的团按扁，制成饼坯，在饼坯上刷点儿植物油。正反两面和饼身边缘处都蘸上白芝麻。

将饼坯有间隔地放到空气炸锅的炸篮上，用 180℃烘烤 13 分钟即可。烤制期间可以翻一次面，这样烤得更均匀。

婶子碎碎念

大家用的南瓜泥的含水量不同，所以使用的糯米粉的量要根据自己的面团的柔软度灵活调整。和好以后能做成一个比较柔软的糯米团即可。

这款小点心不但好吃，而且做法特简单。不加面粉也不用黄油，在红薯泥里加点儿即食燕麦片，揉成团后擀成大片，用饼干模具压出来，再烤一下就可以了。小孩子们都很喜欢压饼干玩。嘴巴馋的时候来几片，感觉它的口感酥酥脆脆，有种在吃奶香红薯干的感觉。我们还不用担心吃多了发胖。

红薯花生酥

食材 ◎ **分量**：大约 50 块 ◎ **烤制时间**：花生米烤制 8 ~ 9 分钟 饼干烤制 15 分钟左右

红薯（提前蒸熟）适量，牛奶 10 克，炼乳 10 克，玉米油 10 克，即食燕麦片 20 克，花生米 40 克

步骤

将花生米放入空气炸锅中，用 180℃烤八九分钟，烤香、烤熟。

等花生米不烫手了，把外面的红衣搓掉，然后用擀面杖或者搅拌机做成花生碎。

取 250 克左右蒸熟的红薯，加入牛奶、炼乳、即食燕麦片、玉米油碾压成混合红薯泥，加入花生碎，拌匀。

所有材料团成一个团。隔着保鲜袋，将红薯团擀成厚 0.5 ~ 0.6 厘米的片。

用饼干模压出相应的形状，制成红薯酥生坯。

空气炸锅提前用 180℃预热好，放上油纸，将红薯酥生坯放到炸篮上用 180℃烤 15 分钟左右就可以了。

婶子碎碎念

1. 这款红薯花生酥没用面粉，只用了红薯泥制作，加了即食燕麦片和花生碎来增加脆感，所以一定要烤到比较干燥没太有水分了，成品的口感才比较好。红薯片不能太厚了，否则不容易烤透。烤不透，做出的成品的口感就会有些软。烘烤火候要到位，但又不能烤煳了，所以大家要根据自己的用具灵活调整下时间。

2. 红薯也可以换成紫薯或者荔浦芋头，但这些食材的含水量不同，要灵活调整材料的用量。材料混合后能团成团、不散开就可以了。配方里的炼乳也可以换成细砂糖或者蜂蜜，换成海藻糖或者代糖也是可以的。根据自己喜欢的甜度调整吧。

3. 最好是垫着油纸来烤，以免烤熟后粘住炸篮，不好拿。

嘴馋想吃蛋挞了，但又不想做挞皮，感觉那太麻烦。这款馄饨皮版的蛋挞就可以满足你。用几块钱就能买到一摞馄饨皮，把鸡蛋和牛奶随便一拌，烤好后，一炉外壳酥脆、内心却酸甜浓郁的"懒人版"蛋挞就做好了。

馄饨皮快手蛋挞

分量： 约 22 个　　**烤制时间：** 13 分钟

食材

馄饨皮 22 个左右，淡奶油 130 克，白糖 35 克，鸡蛋 1 个，蛋黄 1 个，牛奶 110 克，猕猴桃 1 个

步骤

1 制作蛋挞液。猕猴桃去皮后切小丁。

2 鸡蛋和蛋黄放入碗中，再加入白糖用打蛋器打发均匀。

3 倒入牛奶拌匀，倒入淡奶油，继续拌匀，制成蛋挞液。

4 用干净的滤网将蛋挞液过滤一下。

5 因为馄饨皮很软，所以需要放到蛋挞模中，让中间部分凹进去，这样才能盛放蛋挞液。

6 将蛋挞液倒入馄饨皮中，倒至八分满，再放上几个猕猴桃丁。放到炸篮上，先用 180℃烤 5 分钟，之后改成 170℃再烤 8 分钟，烤到蛋挞液完全凝固，表面有少许焦痕了即可出炉。

婶子碎碎念

1. 像蛋挞模具、蛋糕纸模这些工具都可以用来给馄饨皮定型。
2. 也可以用饺子皮做，但饺子皮一般都厚一些，烤完后不大脆，而馄饨皮比较薄一些，做成的外壳更脆一些。
3. 如果没有淡奶油，也可以替换成牛奶，使用的量是淡奶油的量的60%即可。比如配方中用了100克淡奶油，如果没有淡奶油可以换成60克牛奶。其他材料不变。或者再加点儿奶粉也行，毕竟牛奶跟淡奶油比起来，香味不够浓，加点儿奶粉可以增加一些香气。一定要加点儿猕猴桃丁进去，它会让成品具有那种酸酸甜甜的清爽口感。不加猕猴桃丁的话，蛋挞心容易让人感到发腻。

爱吃牛肉的读者，可以试试这款口感浓郁的酱香牛肉丁。不用使用炒锅或者高压锅进行烦琐操作了，只用空气炸锅就可以做出来这款老少咸宜的可口小零食。

酱香牛肉丁

● 分量：大约 1 碗　● 烤制时间：45 分钟左右

食材

牛里脊肉 500 克，花椒 3 克，麻椒 3 克，姜片 3 片，八角 1 个，蒜 3 瓣，生抽 15 克，老抽 10 克，蚝油 15 克，黄酒 15 克，白糖 15 克，蜂蜜 15 克，黑胡椒粉 2 克，孜然粉 2 克，香油 5 克，花椒粉 1 克

步骤

1. 所有食材准备好。

2. 将牛肉切成正方体的肉丁。

3. 蒜切片。姜片切丝。

4. 将牛肉丁和蒜片、姜丝、花椒、麻椒、八角、生抽、老抽、蚝油、黄酒、白糖、蜂蜜、黑胡椒粉、1 克孜然粉、香油混合在一起，抓匀，腌制 6 小时以上。有条件的可以腌制过夜。

5. 腌制好的牛肉丁放到空气炸锅的炸篮上，先用 190℃烘烤 15 分钟左右至熟。

6. 将牛肉丁拿出来再撒 1 克孜然粉和花椒粉，拌匀，放到空气炸锅里用 80℃再烤 30 分钟左右，烤到牛肉丁变干燥了即可。

婶子碎碎念

1. 做这款零食要用牛里脊肉，做出的成品口感会比较嫩一些，容易嚼烂。
2. 做这款牛肉丁需要用空气炸锅烤两次。第一次是用高温烤熟它，第二次是裹上调味粉后用低温长时间烘烤，让牛肉丁有那种外干里软的口感。将牛肉丁烤干，也方便保存。

市面上卖的山药薄脆片主打低脂健康概念，但其实很少有用纯山药做的脆片零食，一般都是将山药打成浆，再与精细小麦粉、特级马铃薯全粉等混合制成的。咱们自己做，就用纯山药来做吧。虽然它的口感比不上超市里的山药脆片那么好，但胜在原汁原味并且没有食品添加剂，给宝宝吃起来更放心。

山药薄脆片

◉ 分量：大约 2 盘　　◉ 烤制时间：20 分钟左右

食材

粗山药 1/2 根，植物油少许，孜然粉或烧烤粉 1 小匙，盐少许，白醋少许

步骤

1 将山药去皮，切成很薄的片。

2 马上放进凉水中浸泡。加入少许白醋，避免山药片变黑。

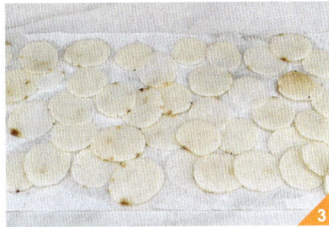
3 将浸泡后的山药片捞出来，用厨房纸吸一吸两面的水。

4 铺到空气炸锅的炸篮上，用 120℃烘烤 10 分钟左右。

5 烤后的山药片表面变得有些干干的了。将粘连在一起的山药片轻轻撕开，翻面。

6 用刷子轻轻地刷点儿油，撒孜然粉或者烧烤粉，再加少许盐，放回空气炸锅中。用 80℃烘烤 10 分钟左右，山药片变得脆脆的，就可以出炉了。

婶子碎碎念

1. 做这款零食建议用粗的那种山药，就是炒菜用的、吃起来比较脆的那种山药。山药比较滑，不好切，所以建议用切片器来切片。
2. 烤制山药片前，需要将其吸一下水。如果太湿，烤后粘到一起就比较难分开了。

里脊肉不但肉质细嫩，方便孩子们咀嚼，而且含有丰富的蛋白质，可以给宝宝们的生长发育补充营养。只不过普通的做法做出的里脊肉，孩子们可能不爱吃，但跟水果搭配，做成口感微甜的果味里脊条，就能很好地打开他们的胃口啦。

果味里脊条

分量： 1盘   **烤制时间：** 10分钟左右

食材

猪里脊条 250 克，苹果（大）1 个，梨（大）1 个，生抽 20 克，料酒 10 克，玉米淀粉 5 克，蜂蜜 20 克，盐 2 克

步骤

1 所有食材都准备好。苹果和梨需要去皮，分别取 100 克果肉使用。

2 用破壁机或者搅拌机将苹果肉和梨肉打成糊。

3 里脊肉切成粗条，倒入刚才打好的苹果糊和梨糊，再放进生抽、料酒、玉米淀粉、蜂蜜、盐。

4 所有材料拌匀，腌制 30 分钟以上。

5 将腌制好的里脊条取出，抹去上面的果肉糊，放到空气炸锅的炸篮上。

6 用 190℃烤 10 分钟左右即可。烤制期间可以给里脊条表面刷点儿蜂蜜水（分量外）。

婶子碎碎念

1. 这款果味里脊肉整体口感会偏甜一些。刷蜂蜜水会让它更油亮一些。
2. 如果想要成品的水果香气大一些，可以切点儿苹果块、梨块放到空气炸锅里和里脊条一起烤。
3. 因为大家用的空气炸锅的品牌不同，存在温差，所以烘烤时间仅供参考，最后几分钟要打开看看，别烤糊了。

各种各样的风味饭团是"小朋友们的菜"。这款外看上去金灿灿的，带着浓郁芝士奶香味的饭团不会让小朋友们失望。不管是在外面当便当吃还是在家吃，它的颜值和味道都可以让很挑食的宝宝爱上的。

芝士鱼饭团

分量：10 个左右　烤制时间：8 ~ 10 分钟

食材

米饭 200 克，金枪鱼罐头 1 个，肉松 30 克，海苔碎 10 克，生抽 10 克，黑胡椒粉 1 克，芝士片 2 片，黑芝麻少许，沙拉酱少许，番茄酱少许

步骤

1 所有食材都准备好。金枪鱼罐头建议用水浸的，它的脂肪含量较低。

2 将金枪鱼肉拆碎，和米饭拌匀后再倒入肉松、海苔碎、生抽继续抓匀。

3 戴上手套，将拌匀的米饭团成乒乓球大小的饭团。

4 将芝士片切成小方片。将每个小方片盖在一个饭团上，表面撒点儿黑芝麻装饰。

5 放到空气炸锅的炸篮上，用 200℃烤 8 ~ 10 分钟，烤到表面的芝士片有一点儿化开即可。

6 出锅后在表面挤上沙拉酱和番茄酱，再撒点儿黑芝麻装饰即可。

婶子碎碎念

1. 烤饭团要高温快烤，这样做出的成品外面会酥脆些，外脆而里嫩。
2. 米饭如果偏干，不好成团，可以加入少许金枪鱼罐头的汤汁让它粘在一起。

多吃猪肝有补血的作用，但猪肝比较腥，只吃猪肝，孩子们都不太喜欢。搭配红枣，一起烘干后打成粉，口味就变好了，给孩子或者是需要补血的人吃也更方便。而且猪肝与大枣等维生素C含量高的食物搭配，补血效果更明显。

红枣猪肝粉

分量：1 罐　　烤制时间：1 小时以上

食材

猪肝 500 克，干红枣 200 克，柠檬 1 个，啤酒 1 瓶，姜丝少许

步骤

1. 所有食材都准备好。干红枣先去核。

2. 红枣切圈后放到炸篮中，用120℃的温度烘烤 25 ～ 30 分钟，烤到红枣圈变干。

3. 猪肝冲洗干净，切大拇指大小的块。

4. 将半个柠檬挤汁，挤入猪肝块中。另外半个柠檬切片，和姜丝一起放入猪肝块中，拌匀，腌制半小时。

5. 倒入啤酒，继续腌制 10 分钟。这样腌制完后，猪肝就不会有太大的腥味了。

6. 将腌制好的猪肝块挑出来，放入凉水锅里。加热，煮到猪肝块变色，撇去浮沫，捞出来。

7. 放到空气炸锅里，先用 150℃烤10 分钟，之后换成 120℃烤 40分钟左右。烤制期间可以拿出来翻拌几下，一直烤到猪肝块变干就可以了。

8. 把烤干的红枣圈和猪肝块放到破壁机里，打成粉末即可。也可以过筛让粉末更加细腻。

婶子碎碎念

猪肝和红枣最后都是用 120℃烘烤，所以也可以放在一起烘烤，但是红枣干得比较快，要提前拿出来避免烤煳。

香烤蟹柳脆

经常当配角的蟹柳，没想到也可以变成酥脆可口，孩子和大人都很爱吃的美味小零食。它的做法真的很简单，而味道和平时吃的虾条一样，太美味啦！

⏲ 分量：一大碗

⏱ 烤制时间：15 ~ 18 分钟

食材

蟹柳 10 个，玉米油 10 克，生抽 10 克，孜然粉 1 克，黑胡椒粉 1 克，白芝麻 2 克

步骤

所有材料准备好。蟹柳提前解冻。

撕掉蟹柳的外包装，撕成宽约 1 厘米的条。

把撕好的蟹柳条倒入大碗中，再倒入玉米油、生抽、孜然粉、黑胡椒粉、白芝麻。充分抓匀。

倒到炸篮上，用 180℃ 烘烤 15 ~ 18 分钟。烤制期间拿出来翻拌几次，烤到蟹柳条变干即可。凉下来后，吃起来是那种比较酥脆的口感就可以了。

婶子碎碎念

1. 蟹柳在超市冷冻区可以购买到。建议买那种里面有真的蟹肉的。这样的材料做出的成品肯定要比没有蟹肉的蟹柳做出的成品更好吃。
2. 烤到最后几分钟的时候一定要看好，避免烤煳了。

黄金炼乳小馒头

小馒头的外皮呈金黄色，口感脆脆的，蘸着炼乳吃又脆又甜。

- ⊙ **分量：** 一大碗
- ✳ **烤制时间：** 8～9分钟

食材

奶香小馒头 7～9 个，植物油 10 克，炼乳 20 克

步骤

小馒头尽量买那种奶香味的，烤出来比较好吃。在馒头的表面划上两刀。

把小馒头放到炸篮上，注意相互之间要有些间隔。在表面刷上一层薄薄的植物油。切开的刀痕内也可以刷一点儿油。

用 180℃ 烘烤 8～9 分钟，至表面变成金黄色。

烤好的小馒头放凉后表面会更酥脆一些。蘸着炼乳吃就可以了。

婶子碎碎念

1. 如果不想刷油，也可以给小馒头抹上鸡蛋液，烤出来同样会金灿灿的。
2. 给小馒头表面划两刀后再抹油，可以让小馒头内部也烤得酥脆一些。

蛋黄鸡翅，听着就是很好吃的肉食。如果再裹上酥脆的薯片碎一起烤，那做出来的成品真的就是口味和颜值俱佳了。这道鸡翅烤完以后，外壳嘎嘣脆，一口咬下去，还有咸蛋黄的滋味。真的是一道大人、小孩都爱吃的美味。

薯片蛋黄鸡翅

分量：两人份　　　烤制时间：14 ～ 15 分钟

食材

鸡翅 10 个左右，生抽 10 克，料酒 10 克，蒜 1 ～ 2 瓣，姜丝少许，咸蛋黄 2 个，鸡蛋 1 个，玉米淀粉 10 克，市售薯片 20 克

步骤

所有食材都准备好。薯片用市售的即可。蒜切片。

鸡翅清洗干净后在正反面切几刀，加入生抽、料酒、蒜片、姜丝拌匀腌制 20 分钟。

咸蛋黄压成泥。将鸡蛋液慢慢加进去，拌匀制成蛋黄泥鸡蛋液。

腌制好的鸡翅放到玉米淀粉里蘸上一层淀粉，再放到蛋黄泥鸡蛋液中，裹上蛋液。

将薯片掰碎后放到盘子中，把裹了蛋黄泥鸡蛋液的鸡翅放进去滚一下，让它表面粘满薯片碎。

放到炸篮上，用 180 ℃烤 14 ～ 15 分钟即可。

婶子碎碎念

1. 咸蛋黄用勺子就可以压成蛋黄泥了。
2. 加鸡蛋液的时候，要边搅拌边逐渐往里加，最终制成蛋黄泥鸡蛋液。

蒸着吃的扇贝固然新鲜，但小朋友们不是很喜欢那种略带腥气的味道。撒点儿椒盐，裹上面糊和酥脆的面包糠，用空气炸锅做成内里鲜嫩、外壳酥脆的炸扇贝肉，就是人见人爱的美味了。

香酥扇贝肉

◉ 分量：一大盘　　🔥 烤制时间：10 分钟左右

食材

扇贝肉 250 克，椒盐 2 克，料酒 10 克，姜片 2 ~ 3 片，鸡蛋 1 个，玉米淀粉 20 克，面包糠 20 克，植物油少许

步骤

1. 准备好材料。扇贝肉可以用从新鲜的扇贝里扒出来的，也可以用冷冻的。

2. 加入料酒、姜片、椒盐，充分抓匀，腌制 10 分钟。

3. 放入鸡蛋液，放入玉米淀粉，继续抓匀。扇贝肉有些黏糊糊的了。

4. 将扇贝肉放到面包糠里滚一圈，让它的表面裹满面包糠。

5. 放到炸篮上，在扇贝肉表面喷点儿植物油。

6. 用 200℃ 烤 10 分钟左右，至表面变得金黄即可。

婶子碎碎念

1. 扇贝肉一侧有一个叫黑囊的圆形包囊，不能吃，必须将其去掉。
2. 扇贝肉也可以换成虾仁、牡蛎肉等。

岩烧乳酪是很多面包店里的招牌甜点。一口咬下去，口感绵密醇香。撒上杏仁片的岩烧乳酪颜值更高，小朋友们更爱吃。家里吃不完的吐司，都可以做成这款高颜值的甜品。

岩烧乳酪小方

分量：一大盘　　烤制时间：8 分钟左右

食材

吐司片 3 片，黄油 30 克，淡奶油 30 克，牛奶 20 克，芝士片 2 片，蜂蜜 10 克，杏仁片一小把

步骤

1. 炒锅中倒入黄油，再加入牛奶、淡奶油、蜂蜜，然后用小火加热至材料化开。

2. 将芝士片切小片，放进化开的材料中继续加热到化开。

3. 将所有材料拌匀，凉到冷却、浓稠。

4. 将每片吐司都切成小方块。

5. 把冷却好的混合液均匀地涂抹在吐司方块上。表面撒上少许杏仁片装饰下。

6. 放到炸篮上，平放，用 200℃烤 8 分钟左右，烤到表面上色、有些变焦即可。

婶子碎碎念

1. 涂抹在吐司方块表面的混合液不要做得太稀了，要抹上厚厚的一层吃起来才过瘾。
2. 烘烤的时间根据自己的空气炸锅的情况调整，喜欢表面焦一些的就烤得时间长点儿。

蜂蜜花朵包

　　表面香甜，中间柔软，底部香脆，这就是风光无限的蜂蜜花朵包的特点。那层甜蜜的脆底最好吃了。做的时候可要狠狠地涂味料，烤出来会很受小朋友的欢迎。

食材

⊙ **分量：**三人份　　⊙ **烤制时间：**15分钟左右

面团材料： 高筋粉 200 克，低筋粉 50 克，细砂糖 40 克，鸡蛋（大约 60 克一个）1 个，牛奶 110 克，干酵母 3 克，盐 1 克，黄油 25 克

底部味料： 低筋粉 15 克，细砂糖 8 克，白芝麻 5 克，玉米油 30 克

其他材料： 玉米油少许，白芝麻 1 克，蜂蜜 1 勺，凉白开 1 勺

步骤

把面团材料中除了黄油之外的其他材料都放到一起，揉成一个光滑的面团。

黄油切小块放进面团中，继续揉，揉到面团可以拉出厚膜，盖上保鲜膜发酵 1.5 小时，发到原先的两倍大。

将底部味料的材料都混合在一起，拌成糊糊状。

将发好的面团按压、排气，平均分割成 8 份。每个小面团都揉圆，静置 15 分钟。

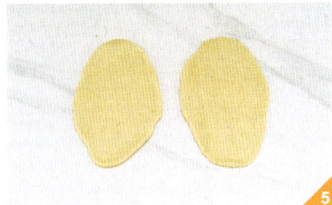

将小面团擀成牛舌状。

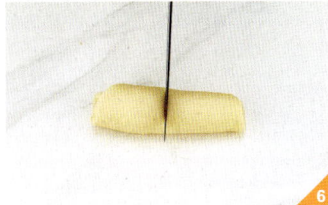

从上至下卷起来，在中间切一刀。

在切面上涂上调好的味料。

切面朝下，将面包卷生坯放到炸篮上，有间隔地摆好，放到温暖潮湿的地方发酵 40 分钟。

发好以后在表面刷一层薄薄的玉米油，撒上白芝麻。空气炸锅用 170℃预热好，然后将面包卷生坯烤 15 分钟左右。出锅后趁热在表面刷一层蜂蜜水（用蜂蜜和凉白开混合制成），放凉就可以吃了。

婶子碎碎念

1. 为避免出现空气炸锅温度过高导致的面包表面上色过重的现象，可以在表面上色后加盖一层铝箔纸。
2. 在面包卷底部抹上厚厚的味料，是为了让底部有一种类似油煎的感觉。底部形成脆皮，让面包更好吃。

这款冰糖烤雪梨比较适合嗓子不太舒服的时候食用。陈皮本身有健脾理气、祛痰化痰的功效，和枸杞、红枣一起放在梨子中，经过高温烘烤后，能清肺，也有一定的暖胃的功效。

冰糖烤雪梨

分量： 2 个   **烤制时间：** 35 ~ 40 分钟

食材

雪梨 2 个，黄冰糖 2 ~ 3 块，枸杞 15 粒，新会陈皮 2 块，红枣 2 颗

步骤

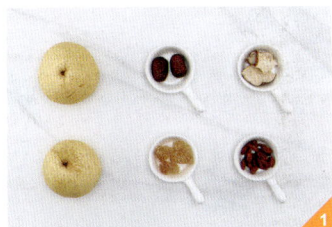

1 所有材料准备好。

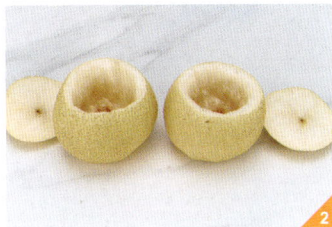

2 雪梨洗干净，在靠近梨把部分的 1/3 处切开，把梨核挖出来。

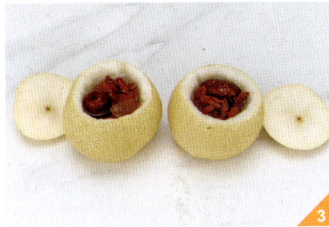

3 在每个梨子挖出来的空里放入 1 ~ 2 块黄冰糖、7 ~ 8 粒枸杞、1 颗红枣、1 块陈皮，再倒入两勺水。

4 把切下来的梨把部分放回去，盖好。

5 用铝箔纸将整个梨子包起来，放到空气炸锅的炸篮上，用 200℃烤 35 ~ 40 分钟即可。

6 烤好以后打开铝箔纸。能看到雪梨里面烤出来不少梨汁，梨肉也已经烤软了。

婶子碎碎念

1. 梨子需要用铝箔纸包好再放进空气炸锅中，直接烤会让雪梨的外皮又焦又干。
2. 如果时间来不及，也可以将烤的时间调短一些，但烤制半小时以上，烤好的梨肉的口感才软。

芝士焗玉米

孩子们都爱吃芝士，所以在玉米粒上铺了厚厚的一层芝士，还加了两勺沙拉酱。烤好后趁热吃一口，奶香浓郁，拉丝不止。

◎ **分量：** 一人份

⏱ **烤制时间：** 7 ~ 8 分钟

食材

玉米粒 100 克，豌豆粒 50 克，马苏里拉芝士碎 40 克，圣女果 4 ~ 5 个，沙拉酱 25 克

步骤

1 将玉米粒、豌豆粒煮熟。

2 圣女果切丁，然后跟熟玉米粒、熟豌豆粒混合在一起。

3 淋入沙拉酱，将食材充分拌匀。撒上一些马苏里拉芝士碎，拌匀。将材料出来的水倒出去。

4 倒入耐高温的焗碗中，表面再铺上剩余的马苏里拉芝士碎。将焗碗放到炸篮上，用 200℃烤 7 ~ 8 分钟。芝士碎烤化、上色后即可出炉。

婶子碎碎念

1. 建议使用甜玉米粒或者水果玉米粒，做出的成品更好吃。圣女果和豌豆粒也可以用彩椒丁代替，或者用其他的短时间内能烤熟的蔬菜代替。

2. 加入沙拉酱拌匀后的食材会出来一些水，将其倒入耐高温的焗碗前要把这些水倒出去，要不然烤出来的成品口感水水的。

空气炸锅可以通过高速循环的热风将食物烤熟，也会让食物的外皮变得酥脆，不需要用油也能做出油炸食品的效果。它可以灵活地选择各种温度，对肉类、海鲜、蔬菜等材料进行低温或者高温的烹饪料理，所以使用本章健康又低脂的食谱，嘴馋又怕胖的人士也可以大快朵颐了。

Part
4

减脂人士看过来

清爽
圣女果串

咬下去的瞬间，圣女果酸甜的汁水会在嘴里爆出来，跟杏鲍菇带有韧性的口感混在一起，让人感觉确实蛮好吃的。

◎ **分量：** 20 个

◍ **烤制时间：** 7 ~ 8 分钟

食材

圣女果 20 个，杏鲍菇 1 根，烧烤酱 25 克

步骤

1. 杏鲍菇洗干净，用刮皮器刮成长片。

2. 用一片杏鲍菇长片将一个圣女果包好，插入一根牙签，固定住，让杏鲍菇片不散开。

3. 烧烤酱加 10 毫升水调成料汁。用刷子均匀地刷在杏鲍菇片上和圣女果的两端。

4. 放到空气炸锅的炸篮上，用 180℃烤 7 ~ 8 分钟即可。

婶子碎碎念

1. 圣女果用高温烤后会出现一点裂口。吃的时候要注意别烫着，因为会有热的汤汁爆出。
2. 用刮皮刀刮杏鲍菇薄片的时候，顺着一个方向快速刮几片，然后再换个方向继续刮，就能得到粗细均匀的长片了。
3. 没有烧烤酱的读者，可以先在杏鲍菇片上刷一层薄薄的油，然后撒点儿盐和黑胡椒粉调味即可。

酥烤鹰嘴豆

鹰嘴豆有比较强的饱腹感，可以当减脂期的主食食用。

- 🔸 **分量**：一大碗
- 🔸 **烤制时间**：15 分钟

食材

干鹰嘴豆 170 克，植物油 8 克，盐 3 克，细砂糖 10 克，花椒粒一小把，孜然粒一小把，八角 4 ~ 5 个，黑胡椒粉 1 克，纯净水适量

步骤

1 所有材料都准备好。

2 鹰嘴豆提前用适量纯净水泡发。放进锅里煮熟。

3 煮熟的鹰嘴豆捞出来，沥干水，加入植物油、八角、花椒粒、孜然粒、盐、细砂糖、黑胡椒粉，充分拌匀。

4 把鹰嘴豆放到炸篮中，尽量铺平，用 180℃ 烤 15 分钟即可。烤制期间可以翻拌几次。烤好的鹰嘴豆彻底放凉后会变得有些脆。

婶子碎碎念

1. 烤好的鹰嘴豆容易变潮，影响口感，所以放凉后要密封保存。
2. 泡鹰嘴豆和将其煮熟比较费时间，大家可以多泡些，沥干水，冻起来。想做多少就拿出来多少，这样可以节省时间。
3. 大家的空气炸锅温差不同，烤的时间要灵活调整。如果放凉后的成品不太脆，那就说明烤的时间太短。如果烤好的鹰嘴豆太干硬、不好吃，就说明烤的时间太长了。

这是一道低热量的蔬菜轻食,减脂人士可以放心吃。和清蒸或者水煮的菜花比起来,这道用空气炸锅烤的菜花可以满足我们对味道的追求。我加入了在超市就能买到的咖喱粉,还加了胡萝卜和洋葱。拌菜用的油是橄榄油。这些食材会让这道菜在营养和口感方面都更加丰富。

咖喱烤菜花

食材

⊙ 分量：1 盘　　⏱ 烤制时间：8 分钟左右

菜花 1 棵，胡萝卜 1/2 根，洋葱 1/3 个，橄榄油 10 克，咖喱粉 8 克，牛奶 15 克，盐 2 克，花椒粉 1 克

步骤

菜花掰小朵，洗干净后控干水。胡萝卜切片，厚度为 0.4 ~ 0.5 厘米就可以了。洋葱切小块。

将处理好的蔬菜放入大碗中，混合。

将橄榄油、牛奶、咖喱粉、盐、花椒粉混合，调成酱汁。

把酱汁倒入蔬菜中，充分拌匀。

所有材料都放进耐高温的容器中，再放进空气炸锅中。

用 180℃ 先烤 3 ~ 4 分钟，拿出来翻拌一下，继续烤 4 ~ 5 分钟即可出锅。

婶子碎碎念

1. 有的空气炸锅火力比较大，用上文推荐的时间，容易烤糊菜花的末梢，所以最后两三分钟大家最好暂停后抽出来查看一下。

2. 做这道菜需要放油。如果没加油，烤后的菜花会很干，不太好吃。这道菜烤完后会有汤汁出来，所以需要放到空气炸锅附带的小铁锅中或者是放进耐高温的容器内再放到空气炸锅中烘烤。如果直接放到炸篮里烤，汤汁会漏下去，成品就变成干香的了。

蘑菇烧豆腐

菌菇和豆腐，都是对人体很有益处的宝贝，可以适当多吃一些。

◉ **分量**：1 盘

🔥 **烤制时间**：8 ~ 9 分钟

食材

平菇 1 片，白玉菇一小把，蟹味菇一小把，老豆腐 200 克，生抽 12 克，盐 2 克，植物油 5 克，白胡椒粉 1 克，葱花少许

步骤

1. 平菇洗干净，撕成小条。白玉菇和蟹味菇去掉根部，洗干净。老豆腐切小块。

2. 将处理好的菌菇和豆腐块放入容器中，加入生抽、盐、植物油、白胡椒粉翻拌均匀。

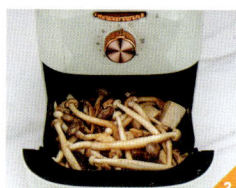

3. 平铺到空气炸锅中，用 180℃烤 8 ~ 9 分钟就可以了。烤制期间可以略微翻拌一下。出锅后在表面撒点儿葱花装饰。

4. 将菜品装盘后，可以将锅中的汤汁浇上去。这道菜带汤吃更美味。

婶子碎碎念

1. 做这道菜也可以不放油。加入豆瓣酱、黄豆酱等调味料也是可以的。

2. 如果没这么多种菌菇，只用一种做也是可以的。豆腐可以生吃，对烤制时间的要求不太严格。菌菇用 180℃烤 8 ~ 9 分钟就熟了。

3. 菌菇在经过烘烤后会出来不少汤汁，装盘后我们可以把锅底的汤汁浇到盘中。带汤吃这道菜，味道更鲜美。

手撕培根
包菜

◎ 分量：一大盘

⚡ 烤制时间：8 分钟

食材

包菜 1/2 棵，培根片 2 片，蒜 1 瓣，花椒 10 粒，植物油 10 克，生抽 10 克，椒盐 2 克，孜然粉 2 克，辣椒粉 1 克

步骤

1. 包菜撕成小片，培根片切小片，蒜去皮后切片。

2. 将包菜片清洗干净，沥干水，放入蒜片、花椒、植物油、生抽、椒盐、孜然粉、辣椒粉。将包菜和调味料充分拌均匀。

3. 铺到炸篮上，用 180℃ 先烘烤 3 分钟，然后抽出来翻拌一下，继续烤 3 分钟。

4. 再次抽出，翻拌一下，继续烤 2 分钟即可。

婶子碎碎念

1. 在烘烤期间要多翻拌几次，以免上层的包菜烤得太干。

2. 为了让包菜的口感能脆一些，需要放一些植物油，要不然烤好的包菜太干，也缺少那种香脆的口感。

3. 没有培根可以不放，但放入培根的话，做出的成品更好吃一些。

牛肉是一种含有很多营养物质的红肉。对于需要吃低热量的食物但是又爱吃肉的人来说，瘦牛肉是一个非常好的选择。

椒香牛肉片

分量：1 盘　　烤制时间：13 ~ 15 分钟

食材

牛里脊肉 250 克，红菜椒 1 个，青菜椒 1 个，干木耳 20 克，蒜 5 ~ 6 瓣，姜少许，葱段 4 ~ 5 个，生抽 10 克，蚝油 10 克，料酒 10 克，黑胡椒粉 2 克，盐 2 克，玉米淀粉 5 克，鸡蛋清 1/2 个

步骤

所有材料都先准备好。将牛里脊肉切片。切片的时候，刀口要垂直于纹路。

青菜椒、红菜椒切块。干木耳提前泡发好。姜切丝。蒜去皮。

将牛肉片放入盐水（分量外）中泡 15 分钟，捞出，洗去血水，沥干水。

放入姜丝、蒜瓣、葱段以及生抽、蚝油、料酒、黑胡椒粉、玉米淀粉、鸡蛋清、盐，抓匀，腌制 25 分钟以上。

在炸篮上铺上菜椒块。捡出腌制牛肉片的蒜瓣放上。最后将腌制好的牛肉片连同腌制料一起倒在肉上。

用 180℃烘烤 13 ~ 15 分钟。还剩下四五分钟的时候将木耳放进去和牛肉片、菜椒块略微拌一拌，然后继续烘烤，等到时间结束即可。

婶子碎碎念

1. 牛肉建议用比较嫩的牛里脊肉，要不然用 180℃烤 14 分钟左右，可能不容易烤熟。
2. 木耳是比较容易熟的食材，所以需要在烤制时间还剩四五分钟的时候放。一开始就放的话，木耳会烤得很干，影响口感。
3. 菜椒也比较容易熟，所以可以垫在牛肉片的下面。首先，可以接住牛肉烘烤后出的肉汁，让味道更鲜美；其次，能避免因为太靠近上层而被烤干。最后翻拌时注意不要将菜椒块全部翻上来。

秋葵属于低热量食物，可以帮助我们减脂。将它和味道鲜美、低热量的金针菇搭配，加点儿蒜末，一起烤一烤，做出的成品汤汁香气浓郁，鲜美十足。端出来后瞬间就被清盘了。

蒜香秋葵金针菇

食材

⊙ 分量：1 碗　　⏱ 烤制时间：15 分钟左右

金针菇一把，秋葵 5～6 个，蒜 3 瓣，生抽 10 克，蚝油 10 克，植物油 8 克，黑胡椒粉 1 克，盐 1 克，青小米辣 3～4 个，红小米辣 3～4 个，红尖椒段适量，香菜叶适量

步骤

金针菇洗干净，切去根部。秋葵洗净，切去根部，切段。

蒜瓣去皮，切粒。两种小米辣切小丁。

将生抽、蚝油、植物油、黑胡椒粉、盐混合，调成味汁。

在炸篮上铺上一层铝箔纸。将金针菇铺好，再放上秋葵段。

将味汁淋在上面，再撒上蒜粒和两种小米辣丁。

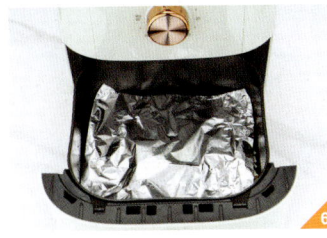

盖上一层铝箔纸，压紧。用180℃烤 15 分钟左右。装盘时放入红尖椒段和香菜叶即可。

婶子碎碎念

1. 如果不盖铝箔纸，金针菇和秋葵段烤出来会变得很干。盖上铝箔纸可以避免将蔬菜烤干，还可以将蔬菜焖出汤汁。
2. 空气炸锅内的热风比较强劲，所以盖铝箔纸时一定要将其压紧，避免铝箔纸被热风吹起来。

在减脂期，我们最好是多吃一些高蛋白低热量的食物。吃一些素有"卵中佳品"之称的鹌鹑蛋就很合适。虽然它个头很小，但它的营养价值可以与鸡蛋相媲美。用它和豆腐一起做成丸子，营养很全面。用这款丸子当便当或者分享给大家吃都很方便。

鹌鹑蛋豆腐丸

分量： 20 个　　　　**烤制时间：** 12 分钟左右

食材

鹌鹑蛋 23 个，老豆腐 150 克，胡萝卜 60 克，香菇 50 克，芹菜 30 克，面粉 30 克，五香粉 1 克，蚝油 15 克，盐 2 克，植物油少许

步骤

1. 所有食材准备好。将 20 个鹌鹑蛋提前煮熟，剥掉蛋壳。

2. 胡萝卜切碎。老豆腐切碎。

3. 香菇和芹菜也都切碎。将胡萝卜碎、香菇碎、芹菜碎、老豆腐碎混合，静置 10 分钟。静置后会出一些水，把水倒出来。

4. 将 3 个生的鹌鹑蛋打碎，倒进上一步的容器中，再加入面粉和五香粉拌匀。

5. 倒入蚝油，加盐，将材料充分拌匀。

6. 取 15 克左右拌好的材料，包入 1 颗煮熟的鹌鹑蛋，做成豆腐丸生坯。

7. 将豆腐丸生坯放到炸篮上，有间隔地平铺，用喷油壶在表面喷少许油。

8. 用 180℃烤 12 分钟左右就可以了。

婶子碎碎念

1. 面粉的量要根据豆腐碎混合物的含水量适当调整。
2. 因为豆腐丸是纯素的，所以表面喷点儿油再烤，做出的成品口感会更好。

市场上出售的袋装食品"每日坚果"里含有腰果仁、核桃仁、扁桃仁、葡萄干等多种坚果和果干。它们可以有效补充营养。有了空气炸锅后我们就可以自制"每日坚果"了，按喜好来调整食材的组合即可。每天吃上一小包，给身体供能。

自制每日坚果

分量: 大约 25 包　　**烤制时间:** 13 分钟左右

食材

扁桃仁 100 克,核桃仁 100 克,腰果仁 100 克,南瓜子仁 60 克,榛子仁 80 克,蔓越莓干 80 克,葡萄干 80 克

步骤

所有材料准备好。将扁桃仁、核桃仁、腰果仁、南瓜子仁、榛子仁清洗干净,沥干水。

蔓越莓干切小块。葡萄干清洗一下,沥干水。

将扁桃仁、核桃仁、腰果仁、南瓜子仁、榛子仁混合好,铺到空气炸锅的炸篮上,尽量铺平。

用 160℃ 烘烤 12 分钟左右。这时候的各种坚果应该出香气了,也变得微黄了。

此时再将蔓越莓干块和葡萄干放进去,继续烘烤 1 分钟左右就可以了。

将烤好的材料放凉。按照每份都能有所有的坚果和果干的规格,分成约 25 小份。

将每份材料装入可以密封的小袋子中,然后封口,常温保存即可。按照每天一包的分量食用。

婶子碎碎念

1. 这个配方中的材料比较多,如果你的空气炸锅比较小,可以分两次做。
2. 坚果虽然营养价值比较高,但所含的热量也比较高,所以每天吃一点儿即可。这里按照一天摄入大约 24 克的量分成了若干小份,既可以保证营养又不会让人摄入太多热量。
3. 自制的"每日坚果"最好用那种可以抽出空气然后封口的袋子分成小份封装。这样保存后的坚果不会受潮,还方便携带。但坚果也是有储存期限的,所以争取在三个月内把它们吃完吧!

冬瓜富含维生素、膳食纤维和钙、磷、铁等微量元素，并且还有利尿消肿的功效。冬瓜本身热量不高，跟低脂的鸡肉和豆腐搭配在一起，做出的成品可以作为减脂餐食用。

冬瓜鸡肉丸

分量：大约 25 个　　烤制时间：15 分钟左右

食材

鸡胸肉 250 克，香菇 20 克，冬瓜 100 克，老豆腐 100 克，生抽 10 克，白胡椒粉 1 克，盐 2 克，玉米淀粉 10 克

步骤

1. 鸡胸肉洗干净，切小块。冬瓜洗干净，去皮去瓤，切小块。

2. 香菇洗干净，去蒂，切成比较小的丁。

3. 老豆腐用擀面杖压成比较碎的样子。

4. 将鸡胸肉块和冬瓜块一起放进破壁机里，打成鸡肉混合泥。

5. 在打好的鸡肉混合泥中倒入香菇丁、豆腐碎、生抽、白胡椒粉、盐、玉米淀粉。

6. 充分搅打至上劲儿。

7. 按照 20 克左右一个的标准将鸡肉混合泥团成丸子。将丸子放到抹了油（分量外）的炸篮上。

8. 用 180℃烤 15 分钟左右。丸子表面变成金黄色，整个都熟了就可以了。

婶子碎碎念

1. 冬瓜含水量比较大，可以把它跟鸡肉放在一起打成混合泥，再放入别的材料拌匀。冬瓜鸡肉泥做成的丸子生坯会比较湿黏，所以要在空气炸锅的炸篮上先抹点儿油防粘。
2. 如果觉得做成丸子太麻烦，也可以做成肉饼。配方里的材料可能一锅烤不完，就多做几锅。

低脂狮子头

狮子头是一道很多人都爱吃的肉菜。传统的做法是将肉丸子先油炸，再放到砂锅内用酱料长时间焖制。这种做法做出的成品虽然很好吃，但热量也是非常高的。这次就分享一种吃起来没有负担，能大饱口福的低脂狮子头的做法吧！

食材

◎ 分量：一大盘　◎ 烤制时间：15 分钟

狮子头材料：猪肉 250 克，铁棍山药 180 克，荸荠 60 克，鸡蛋清 1 个，盐 2 克，料酒 8 克，白胡椒粉 2 克，生抽 15 克，玉米淀粉 5 克，葱花少许，蒜末少许

淋汁材料：植物油 5 克，姜丝 2 克，蒜末 2 克，老抽 5 克，生抽 10 克，五香粉 1 克，蚝油 10 克，白糖 15 克，玉米淀粉 5 克，水 90 毫升

其他材料（选用）：油菜（焯熟）适量

步骤

先做狮子头。荸荠去皮，切小丁。铁棍山药去皮，蒸熟，碾成泥。猪肉剁肉馅儿。

在猪肉馅中放入山药泥与荸荠丁，放入鸡蛋清，放入料酒、白胡椒粉、生抽、玉米淀粉、盐、葱花、蒜末，拌匀，搅打至有黏性。

手上抹点儿油（分量外）防粘。将混合肉馅儿用手团成乒乓球大小的丸子。

放到炸篮上，用190℃烘烤15分钟，取出，装盘。盘中可以先垫上适量焯熟的油菜。

再做淋汁。炒锅中放入植物油烧开，放入姜丝、蒜末爆香。

放入老抽、生抽、五香粉、蚝油、白糖和80毫升清水拌匀，用大火烧开。

将5克玉米淀粉和10毫升水调成水淀粉，倒入炒锅中，拌匀，开大火把汤汁略微收浓，淋到刚才装有狮子头的盘子上即可。

婶子碎碎念

1. 用大量山药泥代替猪肉，可以有效降低狮子头的脂肪含量。用了山药泥，狮子头生坯依然有黏度，成品也有比较好的软糯口感。

2. 相比传统的油炸狮子头，空气炸锅版的狮子头用的油很少，而制作过程中还可以烘烤出狮子头本身的油脂。

低脂烤杂蔬

把各种新鲜果蔬切成小块后，略微加点儿橄榄油和盐拌匀，送到空气炸锅里烤上一会儿，就做出一顿无油烟的健康的大餐了。

◉ 分量：一人份

🕐 烤制时间：15 分钟左右

食材

西蓝花 1/2 棵，西葫芦 1 根，香菇 4 ~ 5 朵，圣女果 10 颗左右，橄榄油 10 克，盐 1 克，黑胡椒粉 1 克

步骤

1. 西蓝花掰成小朵，用水泡一泡。

2. 西葫芦去皮，切小块。香菇每朵切成 4 块。圣女果每颗切成两块。

3. 将处理好的所有的菜放到一起，倒入橄榄油、盐、黑胡椒粉，拌匀。

4. 放到炸篮上，用 200℃ 烤 15 分钟左右。烤制期间可以翻拌几次。烤制后出现的汤汁是很鲜美的，可以浇到盛出的菜上。

婶子碎碎念

1. 高温快烤不会让蔬菜太干，但西蓝花的边缘部分如果烤久了容易煳，所以最好泡一泡水再烤。

2. 因为全程只烤 15 分钟左右，所以材料都尽量切成小块，这样才能烤熟。如果块太大，就要延长烘烤时间，烤完的菜就会太干。

菇香花蛤

这道菇香花蛤的味道很鲜，还特别下饭。尤其是夏天的时候，来上这么一盘菜，又解腻又惬意啊！

- ⊙ **分量**：一大盘
- ⊙ **烤制时间**：15 分钟左右

食材

鲜花蛤 400 克，蟹味菇一小把，香葱 1 根，姜片 2 ~ 3 片，盐 1 克，白胡椒粉 1 克，植物油 5 克

步骤

1. 将所有材料都准备好。提前让鲜花蛤吐沙，洗干净，控干水。

2. 香葱切小段。姜片切丝。蟹味菇一条条地整理好。

3. 将花蛤、葱段、姜丝、盐、白胡椒粉，植物油放在一起拌匀，腌制 10 分钟。

4. 在炸篮上铺上铝箔纸，或者是找一个耐高温的容器，将蟹味菇铺在最底下。倒入拌匀的花蛤和调料，用 180℃ 烘烤 15 分钟。烤制期间翻拌一下，烤到花蛤开口就可以了。

婶子碎碎念

花蛤在烤的过程中会出来不少汤汁，所以要将蟹味菇铺到最底下。这样，蟹味菇可以吸收花蛤的汁水，味道更鲜美，还不易烤干。

这款颜色绚丽的香蕉薯泥吐司卷做法超简单——加点儿牛奶将薯泥拌细腻，往吐司片上一抹，包一根香蕉，卷好再烤脆就好了。这是一款家人都爱吃的高颜值早餐。

薯泥吐司卷

分量：3根　　　烤制时间：6～7分钟

食材

紫薯 2～3 个，牛奶 15 克，全麦吐司片 3 片，香蕉 3 根，鸡蛋液少许，杏仁片少许

步骤

所有材料都准备好。

紫薯洗干净，蒸熟。放入大碗内，碾成细腻的紫薯泥，加入牛奶，拌匀。

将吐司片的四边切掉，之后用擀面杖将吐司片擀薄一些。这样后面卷起来的时候才不会开裂。

往吐司片上抹紫薯泥吧，尽量抹均匀。

放入一根香蕉卷起来，底部收尾处要压薄一些，这样才不会烤制后松开。

将做好的卷放到炸篮上，表面先刷一层鸡蛋液再撒点儿杏仁片，用 180℃烤 6～7 分钟，看它的表面的蛋液变成金黄色就好了。

烤好以后切小段。切成适口大小，吃起来比较方便些。

婶子碎碎念

1. 紫薯泥也可以换成南瓜泥、红薯泥或者豆沙之类的食材。我是因为偏爱紫薯加牛奶的味道，才使用了紫薯。

2. 表面刷蛋液可以使成品颜色更好看，还可以让烤好的外皮酥脆，所以不要省略这一步。烤到表面呈金黄色就可以出炉了。不要烤太久，否则外皮就会变成面包干，不好吃了。

3. 烤完后要及时吃。因为香蕉加热后会出汁水，时间一长，里面的汁水漏出来不但使成品变得难看，还会浸湿外壳让口感变差。

自制柠檬干

新鲜柠檬不太方便携带，所以我们把它做成柠檬干，可以随时泡水喝。加点儿红茶和蜂蜜一起泡，就成了补水又美肤的柠檬红茶了。

◎ **分量：** 1 包
⏱ **烤制时间：** 50 分钟左右

食材

柠檬 2 个，盐少许

步骤

柠檬洗干净，用盐将表面摩擦几分钟，彻底去除污物。

将柠檬切成薄片，尽量切得完整一些、薄一些。

将柠檬片去核，否则烤出来的柠檬片会发苦。

用 100℃烘烤 50 分钟左右即可。烤干的柠檬片有些透明，要密封保存，防止受潮。

婶子碎碎念

1. 烘烤的温度一定不要高于100℃，要不然柠檬片会烤煳。用低于100℃的温度，延长烤制时间也是可以的。只要把柠檬片烘干即可。
2. 喝的时候取几片泡水就可以了。不过要注意的是，用热水泡的柠檬水容易发苦，建议用凉水泡。

香烤韭菜圈

减脂期不妨试试这款烤韭菜，它居然有烤肉的滋味。

- **分量：** 两人份
- **烤制时间：** 7~8分钟

食材

韭菜 200 克，孜然粉 2 克，五香粉 1 克，生抽 10 克，植物油 10 克，芝麻 2 克，辣椒粉（选用）适量

步骤

韭菜清洗干净，放到开水中略微烫一下，烫至变软一些就好卷了。

将 2~3 根韭菜叠起来，卷成一个圈。用提前泡过水的牙签将韭菜卷串起来。也可以像成品图展示的那样用长的竹扦串起来。

全部串完后，放到炸篮上，在表面刷上部分植物油和少许生抽。撒上少许的孜然粉、五香粉和芝麻，用 180℃ 烤 4~5 分钟。

拿出来翻个面，继续刷剩余的植物油和生抽，再撒上剩余的孜然粉、五香粉和芝麻，用 180℃ 继续烤 3 分钟即可。喜欢吃辣的读者可以撒上辣椒粉。

婶子碎碎念

1. 韭菜如果不烫软，不容易卷成圈。
2. 想要烤出烧烤食品的味道，烤制期间需要将炸篮抽出来，将韭菜串翻面再抹一次油和生抽，并且多撒一些调味粉，如花椒粉、五香粉、孜然粉等。

香酥鱼排沙拉，看着很丰盛，热量却不高，很适合在减脂期吃。它用的是高蛋白、低脂的巴沙鱼柳。这种鱼柳刺很少，烹饪特别方便。做好以后，再和各种新鲜果蔬搭配在一起，就成了清新爽口还解馋的减脂沙拉了。

香酥鱼排沙拉

○ **分量：** 一人份 　 ⏱ **烤制时间：** 15 分钟左右

食材

制作鱼排的材料： 巴沙鱼柳 1 条，鸡蛋 1 个，料酒 10 克，生抽 10 克，蒸鱼豆豉 10 克，黑胡椒粉 1 克，姜丝 10 克，黄金面包糠 30 克，植物油适量

其他材料： 圣女果 7 ~ 8 颗，黄瓜 1 根，生菜叶 2 片，紫甘蓝 1/3 个，沙拉酱 10 克

步骤

所有材料都先准备好。巴沙鱼柳一般都是去骨的，解冻后先用厨房纸吸一吸水。

将鱼柳、料酒、生抽、蒸鱼豆豉、黑胡椒粉、姜丝混合，充分抓匀，腌制 1 小时以上。

鸡蛋打散，涂抹在已经腌制好的鱼柳上。将鱼柳的两面都拍上黄金面包糠，表面再用喷油壶喷点儿油或者用刷子刷点儿油。

放到炸篮上，用 200℃烤 15 分钟左右，即成香酥鱼排。

将烤好的香酥鱼排切粗条。

黄瓜切片，生菜叶撕成小片，圣女果切两块，紫甘蓝切丝，铺到盘子上，再摆上鱼条，挤上沙拉酱即可。

婶子碎碎念

1. 巴沙鱼柳也可以换成其他少刺的鱼柳。
2. 巴沙鱼肉本身没啥味道，所以需要提前充分腌制。
3. 涂抹蛋液，裹上黄金面包糠，能使外皮口感酥脆。如果买不到黄金面包糠也可以省略，但做出的外皮就没有酥脆的口感了。

想吃比萨又不想揉面做饼底的，可以试试这款用蔬菜泥和燕麦做的饼底。成品烤出来，咬一口，可以看见底下是淡绿色的燕麦饼底，上面是低脂的金枪鱼。可以说这是一款简单又好做的低脂比萨。多吃也不怕胖！

蔬菜燕麦底比萨

◎ 分量：1 个　　◎ 烤制时间：23 分钟左右

食材

蔬菜燕麦饼底材料：即食燕麦片 100 克，鸡蛋（带皮约 55 克一个）1 个，西蓝花适量，盐 2 克

比萨馅料：比萨酱 10 克，水浸金枪鱼罐头 1 个，青椒 1/2 个，洋葱 1/3 个，熟甜玉米粒、熟青豆粒、熟胡萝卜丁共一小碗，马苏里拉芝士丝一小碗

步骤

1 所有食材都准备好。青椒和洋葱切丁。

2 先做饼底。西蓝花撕成小朵，焯一下水，用破壁机或者是搅拌机打成细腻的西蓝花糊糊。

3 取 90 克左右西蓝花糊糊，倒入大碗中，打入鸡蛋，放入盐，充分拌匀。

4 将燕麦片倒入西蓝花鸡蛋糊糊中，拌匀，倒入圆形的铝箔纸碗中，用 190℃烘烤 10 分钟左右，到糊糊烤成饼。

5 在饼上刷一层比萨酱，再放上切好的青椒丁和洋葱丁。

6 放上拆碎的金枪鱼肉、熟玉米粒、熟青豆粒、熟胡萝卜丁。

7 均匀地撒上马苏里拉芝士丝，用 200℃继续烘烤 10 ~ 15 分钟，烤到芝士全部化开，表面上色即可。

婶子碎碎念

1. 也可以用面粉或者粗粮粉搭配蔬菜泥做成比萨饼底，但必须将饼底提前烤定型之后再放入上面的材料，否则饼底不容易烤熟。

2. 配方中的饼底材料可以摊一个 8 英寸左右（直径约 20 厘米）的饼底。如果你的空气炸锅比较小，也可以少放一些材料。燕麦片、西蓝花糊糊、鸡蛋的用量，以能拌成比较浓稠的糊糊为准。

彩椒
三文鱼串

- ⊙ **分量:** 17 串左右
- ⚡ **烤制时间:** 8 分钟左右

食材

青菜椒 1/2 个,红菜椒 1/2 个,黄菜椒 1/2 个,三文鱼 150 克,洋葱 1/3 个,柠檬 1/2 个,蚝油 15 克,白芝麻少许,黑胡椒粉 1 克,盐 1 克,植物油少许

步骤

1 牙签先放到水里泡 30 分钟。

2 三文鱼切成 1.5 厘米见方的小块。将柠檬挤汁放入三文鱼块中。接着放入蚝油、黑胡椒粉、盐,拌匀,腌制 20 分钟。

3 洋葱和三种菜椒都切小块。

4 将三种菜椒丁、洋葱丁、三文鱼块串起来,放到炸篮上,在表面喷一点儿油,撒上白芝麻,用 200℃ 的温度烤 8 分钟左右,至鱼肉熟了即可。

婶子碎碎念

1. 空气炸锅空间有限,所以用牙签穿串更合适一些。为了避免牙签烤煳、烤黑,要提前用水泡一下。
2. 鱼肉要用高温快烤,烘烤时间长了,鱼肉容易发柴、发干。

杏鲍菇豆腐鸡丁

- 分量：一大盘
- 烤制时间：10 分钟

食材

鸡胸肉 1 块，杏鲍菇 1 根，老豆腐 150 克，植物油 10 克，黑胡椒粉 1 克，蚝油 10 克，盐 1 克，葱花少许

步骤

鸡胸肉、杏鲍菇、老豆腐全部切成 1.5 厘米见方的小方块。

倒入大碗中，加植物油、蚝油、盐、黑胡椒粉，拌匀。

倒到空气炸锅的炸篮上铺匀。

用 190℃烤 10 分钟即可。出锅后撒点儿葱花装饰。

婶子碎碎念

1. 将所有大的食材都切成小方块，烤熟得快一些。
2. 老豆腐也可以换成嫩豆腐，不过嫩豆腐一翻就容易碎，所以新手还是使用老豆腐吧。

减脂期也要吃得有营养。这道高蛋白的减脂菜，把虾仁和豆腐搭配在一起，营养丰富，老少咸宜。特别是加入了番茄酱汁，让这道菜整体吃起来酸酸甜甜的，使人胃口大开。

茄汁虾仁豆腐

● 分量：一大盘　● 烤制时间：10 分钟左右

食材

虾仁 10 个，姜片 2 ~ 4 片，白胡椒粉 1 克，日本豆腐 150 克，青豆 30 克，番茄酱 50 克，生抽 10 克，白糖 15 克，黑胡椒粉 1 克，盐 1 克，料酒 10 克

步骤

1. 所有食材都准备好。日本豆腐买管状的即可。

2. 虾仁加入料酒、姜片、白胡椒粉，抓匀后腌制 15 分钟，去腥气。

3. 日本豆腐切块，加入青豆、腌制好的虾仁。

4. 将番茄酱、生抽、白糖、盐、黑胡椒粉、40 毫升清水拌成调味汁。

5. 将调味汁淋到大碗中的豆腐块、虾仁和青豆上，用筷子轻轻地翻拌一下。

6. 倒入耐高温的烤碗或者是铝箔纸盘中，放到炸篮上用 190℃烘烤 10 分钟左右。烤制期间可以翻拌一次，烤到所有食材变熟即可。

婶子碎碎念

1. 这道菜要用到调味汁，所以需要用耐高温的容器装着烤，不能直接放到炸篮上。
2. 日本豆腐切块后比较嫩，所以倒入调味汁后，拌匀时要轻一点儿，别把日本豆腐块拌碎了。如果不容易买到日本豆腐，也可以买内酯豆腐或者是老豆腐代替。

这款玉米海鲜饼里面有有弹性、有嚼劲的鱿鱼和虾仁，还有秋葵与胡萝卜。咬下去，每一口都带着玉米面本身的香气，其中又夹杂着海鲜的清甜和蔬菜的清香。因为用了杂粮粉，所以它的饱腹感比较强，再加上海鲜本身是高蛋白、低脂肪的食物，所以减脂期也可以畅快地吃。

玉米海鲜饼

⊚ 分量：两人份　　⏱ 烤制时间：15 分钟

食材

胡萝卜 1/2 根，秋葵 3 ~ 4 根，鲜鱿鱼 1/2 条，虾仁 10 只，鸡蛋 2 个，玉米粉 40 克，植物油适量，盐 2 克，黑胡椒粉 1 克，白糖 3 克

步骤

1　鱿鱼和虾仁洗干净，切成丁备用。胡萝卜也洗净，去皮，切成蓉备用。

2　秋葵洗净，放到沸水里焯一下。

3　将秋葵切碎，跟鱿鱼丁、虾仁丁、胡萝卜蓉、鸡蛋一起倒入碗中充分拌匀。

4　加入玉米粉、盐、白糖、黑胡椒粉拌匀。

5　铝箔纸碗中抹上植物油防粘，倒入一半左右的玉米面糊摊平。

6　放到空气炸锅的炸篮上用 180℃ 烤 15 分钟，烤到海鲜饼定型并且变熟就可以取出了。把剩下的面糊做完即可。

婶子碎碎念

1. 配方中的分量可以做两份，所以分两次来烤。面糊要放到铝箔纸碗中烤，为了方便脱模需要在碗中提前抹点儿油。如果想让饼烤出来更好吃，可以将其烤到定型后，将它翻面再烤一会儿。

2. 没有玉米粉就换成普通面粉。鱿鱼肉不太容易熟，也可以将它切成丁后提前用沸水煮一下，熟得更快，做出的成品的腥味也会淡一些。

减脂的时候总想着怎么能解馋还吃不胖。这款鸡肉海苔卷里，海苔片的热量基本可以忽视，它还能给鸡肉卷增香。一口咬下去，鸡肉香甜又嫩滑，一点儿也不柴。外面的海苔还能让鸡肉吃起来带一点儿嚼劲。

鸡肉海苔卷

分量：1盘 | 烤制时间：10～12分钟

食材

鸡胸肉1块，蒜2瓣，料酒10克，生抽10克，蚝油15克，白糖5克，盐1克，黑胡椒粉1克，玉米粒30克，海苔片2大片

步骤

1 所有材料都准备好。海苔用大片的即可。海苔片平均地剪成合适的小片。蒜去皮，切粒。

2 鸡胸肉用料理机打成肉泥，倒入蒜粒、料酒、生抽、蚝油、白糖、盐、黑胡椒粉、玉米粒充分抓匀，搅拌至上劲儿后腌制20分钟。

3 把腌制好的鸡肉泥放入裱花袋中。在裱花袋前端剪个口。

4 在每份小海苔片的下端挤上适量的鸡肉泥。

5 从下至上卷起来，就成了鸡肉海苔卷生坯。

6 放到炸篮上，表面喷少许油（分量外），用180℃烤10～12分钟即可。

婶子碎碎念

1. 挤鸡肉泥的时候，不要挤太多。首先不容易包紧，可能会露馅儿；其次就是不容易熟透。
2. 烤好的鸡肉卷可以放凉后冷冻起来，下次再吃的时候，先解冻再烤一下，一样美味。

家里的吐司片快过期的时候，可千万别着急扔掉。按我的方法做，完全可以把被人嫌弃的剩吐司片变成全家人都爱吃的可口小零食。一口一个，嘎嘣脆，停不下嘴。做了三种口味，肯定有你爱吃的那一种。

什锦面包干

食材

◎ **分量：** 三人份　　☀ **烤制时间：** 4～5分钟

主料： 吐司片 6 片

香蒜味调料的材料： 黄油 20 克，盐 1 克，蒜 4 瓣

蜂蜜味调料的材料： 黄油 30 克，牛奶 60 克，炼乳 10 克，蜂蜜 25 克

孜然香葱味调料的材料： 鸡蛋 1 个，香葱少许，盐 1 克，孜然粉 1 克

步骤

1. 所有材料都准备好。

2. 做香蒜味调料。蒜去皮，切粒，与隔水加热至化开的黄油以及盐混合均匀。

3. 做蜂蜜味调料。将牛奶、切块的黄油以及蜂蜜、炼乳混合，隔热水加热至黄油化开，拌匀。

4. 做孜然香葱味调料。香葱切碎，鸡蛋打散，加盐和孜然粉，充分拌匀就做好了。

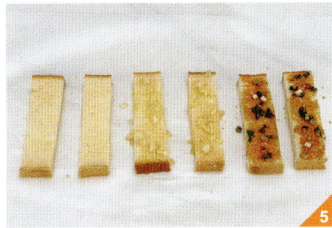

5. 吐司切条。将三种味道的调料分别刷到吐司条上。

6. 放到炸篮上，用 180℃烤 4～5 分钟即可。

婶子碎碎念

1. 烘烤吐司条的时间不能太久，4～5分钟即可，否则烤煳了会很难吃。
2. 如果没有黄油也可以换成玉米油或者植物油，只是黄油做出的成品的味道更香。

145

蔬菜鸡蛋杯

这款蔬菜鸡蛋杯很适合早饭时间比较紧张的上班族制作。只需要将蔬菜和鸡蛋液混合一下，放进空气炸锅里烤10多分钟就可以了。

◍ **分量：** 两人份

◍ **烤制时间：** 12～13分钟

食材

鸡蛋4个，番茄1个，香肠1根，玉米粒一小碗，西蓝花小1/2棵，黑胡椒粉1克，盐1克

步骤

番茄切小块。香肠切片。西蓝花洗干净，切小块。 `1`

鸡蛋打入大碗中，拌匀。 `2`

倒入番茄块、香肠片、西蓝花块、玉米粒，再撒黑胡椒粉和盐，拌匀。 `3`

将调好的蔬菜鸡蛋糊倒入纸杯中，放到炸篮上用180℃烤12～13分钟，烤到蛋糊凝固即可。 `4`

婶子碎碎念

可以根据个人喜好更换果蔬的种类，但尽量挑选一些含水量不是很高的果蔬。

不管是单身独居吃饭还是一大家子人一起聚餐，空气炸锅都可以帮助我们快捷地制作各种美食，方便并且实惠。它的功能不仅限于制作类似油炸的食物，还可以做菜、做烘焙、烘果干，制作很多可口美味的小零食。这一篇章就让我们来发挥想象力，制作那些全家都爱吃的美食吧！

Part ⑤

全家一起聚餐

吧嗒嘴猪肉条

　　这款美味又简单好做的猪肉条，特别适合在看书、看电影的时候当零食吃。买一点儿新鲜的里脊肉，简单腌制好，然后炒一炒、烘一烘，就做成可以随身携带的小零食了。给大人吃的，建议做得重口味一些。如果给孩子吃的话，就可以少放一些腌制料，尤其是老抽，可以少放或者不放。自己做零食，就是想怎么做就怎么做。

食材

◎ 分量：一大盘　　　🕐 烤制时间：1小时左右

主料： 猪里脊 650 克

腌料： 蚝油 25 克，老抽 8 克，料酒 10 克，葱丝少许，蒜瓣少许，蜂蜜 20 克，盐 3 克，黑胡椒粉 1 克，现磨黑胡椒碎 1 克，五香粉 1 克

其他材料： 五香粉 1 克，黑胡椒粉 1 克，玉米油 8 克，细砂糖 10 克，姜黄粉 0.5 克，香叶 2 片，花椒一小把，植物油 8 克，葱段少许

步骤

1 将猪里脊顺着纹理切成小拇指粗的长条。

2 放入葱丝、蒜瓣、料酒、蚝油、老抽、盐、五香粉、黑胡椒粉、现磨黑胡椒碎，拌匀后再加入蜂蜜充分抓匀，盖上保鲜膜，放到冰箱里冷藏4小时以上。有条件的话，可以冷藏过夜。

3 不粘锅中倒入植物油烧热，放入葱段、花椒、香叶略微炒香。

4 倒入已经腌制好的猪肉条，开始翻炒，炒到猪肉条变色，并且有水出来后改成小火，将水炒干后出锅。

5 等到猪肉条凉下来以后，倒入黑胡椒粉、五香粉、细砂糖、玉米油、姜黄粉，抓匀。

6 放到炸篮上，铺平，用70℃左右的温度，烘烤1小时左右，至猪肉条变成肉干即可。

婶子碎碎念

1. 肉条类的零食要想做得好吃，制作时使用的腌制料要多一些，腌制的时间尽量长一些，最好是腌制过夜。肉条的颜色，主要取决于老抽的用量，大家可以根据自己的喜好灵活调整。

2. 里脊条需要先炒再烤干。第一，可以节省后面烘烤的时间；第二，可以让内部组织的口感更好。炒干后一定要放凉了再放五香粉、黑胡椒粉等调料，如果里脊条热的时候拌匀，调料粉容易被水汽化开。

3. 烘干的时间因为大家使用的空气炸锅有温差而不同。原则是低温长时间烘干，温度不要超过100℃，温度一高不但容易将材料烤煳，也容易导致材料外皮都很干了而里面还是湿湿的。

不愿意炒菜，特别是不想被油烟熏得满头满身都是味儿的读者，可以试试这款用空气炸锅就能制作的干锅菜。简单形容就是很优雅地把材料拌匀，放进空气炸锅中一烤就可以了。它属于标准的全程无油烟的"懒人菜"。有条件的读者，还可以放入那种可以加热的小锅中吃。底下支上酒精灯，就是"干锅菜"了。

干锅香辣藕片

◎ 分量：一大盘　◎ 烤制时间：10 分钟左右

食材

藕一小节，土豆（中等大小）1 个，香肠 1 根，老干妈酱 15 克，生抽 5 克，盐 2 克，蒜 2 ~ 3 瓣，花椒 5 ~ 6 颗，干辣椒 2 ~ 3 个，植物油 8 克，葱花少许

步骤

1 所有材料都准备好。

2 土豆和藕去皮，切片，放入凉水中泡一泡。

3 香肠切片，蒜去皮后切粒，干辣椒剪小段。

4 在土豆片和藕片中倒入香肠片、老干妈酱、生抽、植物油、盐、蒜粒、花椒、干辣椒段充分地拌匀。

5 放到炸篮上，用 180℃ 烤 10 分钟左右。如果想让这道菜干香风味更浓些，可以将烤制时间延长 2 ~ 3 分钟。

6 烘烤期间将藕片、土豆片翻拌一下，避免烤得不均匀。出锅前撒葱花即可。

婶子碎碎念

1. 也可以提前将土豆片和藕片焯至断生，这样做出的成品口感也挺好，而且烘烤的时间也会缩短。
2. 我用了老干妈酱和生抽调味。口味清淡的读者也可以将它们换成豆瓣酱或者是你喜欢的调味料。
3. 烘烤的时间会因为土豆片、藕片的厚薄、大小不同而有差异。将材料放在炸篮中直接做会比较快一些。不建议在炸篮的底部垫着油纸或者铝箔纸制作，因为这样可能会导致成品烤得不均匀，也会使得烤制时间延长。

香葱火烧

这是一款没啥难度的面食——制作比较简单，而且就算做得不好或者破酥了也不影响它的口感。用空气炸锅烤出的火烧，会比用平底锅煎制的更加酥脆。掰开看一下，里面都是层层叠叠的油酥。油酥带着葱香味，口味咸香，可好吃了。

食材

⊙ 分量：12 个　　　⏱ 烤制时间：10 分钟左右

饼皮材料： 普通面粉 400 克，水 250 毫升左右，即发干酵母 4 克
油酥材料： 普通面粉 80 克，植物油 50 克，盐 8 克，五香粉 2 克，葱碎 40 克

步骤

做饼皮。将面粉、即发干酵母和水混合，揉成光滑的面团，盖上保鲜膜发酵 1 小时。

做油酥。将葱碎、面粉、植物油、盐、五香粉一起混合。所有材料和成油酥面团备用。

将发好的饼皮面团揉一下，平均分割成 12 个小面团，滚圆。油酥面团也平均分成 12 份小面团，滚圆。

取一个小的饼皮面团，按扁，包入一个小的油酥面团，封口。封口的时候要捏紧，避免油酥露出来。

将包好的面团的封口朝上，擀成牛舌状。

从右方 1/3 处向左折，再从左方的 1/3 处向右折。

擀成长方形，然后重复一遍刚才对折的步骤，继续擀成长方形，火烧生坯就做好了。

将火烧生坯放到炸篮上，用 200℃烘烤 10 分钟左右，至表面变成黄金色就可以出锅了。把其他生坯烤好即可。

婶子碎碎念

1. 做饼皮的面团，揉光滑就可以了。需要放到温暖处发酵 1 小时后再用。
2. 做这款火烧用的包酥的做法比较适合新手学习。擀皮之前可以在案板和擀面杖上抹油（分量外）防粘，这样做出来的饼也很好吃。如果擀皮时破酥了也没关系，反正一烤都变得酥酥脆脆了。
3. 空气炸锅内部空间不大，所以擀的饼可以小一些。

菠萝油条虾

　　菠萝油条虾是一道有名的粤菜。它是用中式的食材，做出来的带点儿西餐味道的美食。这道菜有点儿中西合璧的感觉。传统做法是要油炸的，这次要挑战下非油炸的做法了。没想到烤出来的菠萝油条虾，也是非常好吃的。

食材

⏱ 分量：一大盘　　⏱ 烤制时间：12 ～ 13 分钟

小油条（半成品）2 根，虾仁 250 克，蛋清 1 个，料酒 10 克，白胡椒粉 1 克，盐 1 克，玉米淀粉 5 克，菠萝肉 2 大块，沙拉酱 20 克，蜂蜜 15 克，黑芝麻一小撮

步骤

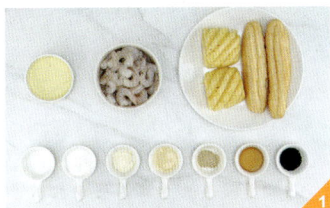

1 所有材料都准备好。

2 菠萝肉切小块，放入盐水（分量外）里浸泡20分钟以上。

3 虾仁剁成虾泥后加入蛋清、玉米淀粉、白胡椒粉、盐拌匀，搅拌至上劲儿。

4 小油条切成3～4厘米长的段。

5 将拌匀的虾泥塞到油条段里。所有切面都要塞一些，尽量塞满。

6 将泡好的菠萝块和油条段一起放到炸篮上，铺均匀，让油条段在上面。

7 用180℃烘烤12～13分钟，烤到虾肉变熟即可出锅。

8 将烤完的菠萝块和油条虾放到容器里，挤上沙拉酱和蜂蜜，撒点儿黑芝麻装饰即可。

婶子碎碎念

1. 菠萝肉切块后需要在盐水中先泡一会儿。
2. 油条可以用上一顿吃剩下的，也可以用超市里卖的半成品油条。我用的是半成品油条，它比较粗短，所以用了两根，烘烤时间也是根据它来设定的。
3. 和菠萝一起烤会让这款油条虾带有果香。如果想吃新鲜菠萝块，就将油条虾烤完了，再将其和新鲜菠萝块混合、抹酱即可。
4. 烤完的油条虾很酥脆，所以用沙拉酱略微一拌，或者只挤在表面就可以了。不要拌制得太久，以免影响酥脆的口感。

牛肉味的零食特别受家人喜欢，特别是用孜然粉做成的牙签牛肉粒，会让牛肉的鲜嫩口感和孜然的香气更加明显，就更受大家欢迎了。用空气炸锅做，也不用守着炒锅闻烟火气了。只需要短短几分钟，这道香气浓郁、馋嘴好吃的牙签牛肉粒就可以出锅了。

牙签牛肉粒

🅐 分量：一大盘　　🔥 烤制时间：12 分钟

食材

牛里脊肉 300 克，老抽 10 克，生抽 15 克，料酒 10 克，姜丝少许，辣椒粉 1 克，花椒粉 3 克，孜然粉 5 克，孜然粒 3 克，白糖 10 克，盐 3 克，淀粉 5 克，葱花少许

步骤

所有材料都准备好。

牛里脊肉切成方形的肉粒。将姜丝倒入牛肉粒中。

倒入老抽、生抽、料酒、花椒粉、少许孜然粉、白糖、盐、淀粉，拌匀，腌制 30 分钟以上。

牙签放到水里浸泡 15 分钟。

用牙签将腌制好的牛肉粒串起来，放到炸篮上，用 190℃烘烤 10 分钟。

抽出来抽屉，在材料上撒上辣椒粉、剩余的孜然粉和孜然粒拌一拌，放回去再烘烤 2 分钟就可以出锅了。出锅前撒点儿葱花装饰即可。

婶子碎碎念

1. 建议用牛里脊肉做，做出的成品口感比较嫩一些。大家的空气炸锅温差不同，所以烤到最后几分钟时看一下，别烤煳了。

2. 为了让牛肉粒更入味，需要在烤得差不多时，再撒一些辣椒粉、孜然粉和孜然粒调味。不能吃辣的读者可以省略辣椒粉。

馋嘴蒜瓣肉

烤肉吃多了容易腻，但是配上已经烤得很软糯的蒜就能很好地解腻了。

🔸 **分量：** 一大盘

🔸 **烤制时间：** 15分钟左右

食材

五花肉200克，蒜1头，生抽10克，蚝油15克，五香粉1克，蛋清1个，盐1克，孜然粉1克，孜然粒1克，生菜（选用）适量

步骤

将所有材料都准备好。

五花肉切小块。在五花肉块里倒入生抽、蚝油、五香粉、蛋清、盐，拌匀，腌制2小时以上或者过夜。

大蒜剥皮，和腌制好的五花肉块略微拌匀，铺到炸篮上。

用190℃烤15分钟左右。在时间还剩5分钟的时候，翻拌几下，并撒上孜然粉和孜然粒，烘烤到时间结束，装在铺有生菜的盘子中即可。

婶子碎碎念

1. 做这道蒜瓣肉不需要加油，利用五花肉本身的油脂就可以烤到很香了。
2. 喜欢吃蒜的读者可以多放些。蒜烤熟后就没有那种生涩的味道了，吃起来比较软糯。但烤蒜也不能吃太多，吃多了容易有"烧心"的感觉。
3. 五花肉或者肥瘦相间的前腿肉都比较适合烤着吃。腌制时间久一些味道更好。

桂花蜂蜜烤双薯

将红薯和紫薯一切两半，表面涂上桂花蜂蜜酱，烤完后不仅颜值高，入口后更是清香甜蜜。

- 🍊 **分量**：两人份
- ⏰ **烤制时间**：30 分钟左右

食材

小红薯 2 个，小紫薯 2 个，蜂蜜 30 克，干桂花 2 克

步骤

1. 红薯和紫薯从中间一切两半。

2. 干桂花兑上蜂蜜，调成桂花蜂蜜酱。

3. 将切开的红薯、紫薯放入空气炸锅内，用 200 ℃ 烤 20 分钟左右，在切面上均匀地刷上一层桂花蜂蜜酱。

4. 用 200 ℃ 继续烤 5 分钟，继续刷一遍桂花蜂蜜酱，再烤 5 分钟，就可以出锅了。

婶子碎碎念

1. 中等大小的红薯、紫薯用 200℃烤 30 ~ 35 分钟基本就熟了。如果你的红薯、紫薯个头比较大，可以延长烘烤时间。红薯、紫薯都不要去皮，要不在烤制过程中容易流汁。
2. 桂花蜂蜜酱不能一开始烤就刷上，要到最后 10 分钟的时候再刷。提前刷了，容易把酱里面的糖分烤成焦糖，成品就发苦了。买不到干桂花的读者就只用蜂蜜即可。

奶油奶酪和紫薯，这两种食材搭配在一起用饺子皮一包，然后烤到金灿灿的，味道真是美。外面是烤到金黄酥脆的挞皮，嘎嘣脆。里面则是咬一口就容易爆浆的奶酪紫薯馅，奶香和紫薯香相当浓郁。无论是当早饭还是当下午茶小点，这都是一款值得试一试的高颜值的神仙小甜品。

紫薯奶酪挞

分量：15 个　烤制时间：15 分钟左右

食材

饺子皮 30 个，紫薯 2 个，炼乳 15 克，奶油奶酪 120 克左右，细砂糖 15 克，鸡蛋液（选用）适量，黑芝麻（选用）少许

步骤

1. 所有材料都准备好。紫薯蒸熟，去皮。

2. 将紫薯碾压成比较细腻的紫薯泥，加入炼乳，拌匀。

3. 奶油奶酪软化后加细砂糖打发成比较细腻的状态。

4. 将饺子皮擀一擀，让它变薄、变大一些。舀入 1 小匙紫薯泥和 1 小匙奶油奶酪。

5. 盖上一个饺子皮包住所有的馅儿。用叉子将饺子皮的边缘压紧，避免馅儿露出来。可以刷一层鸡蛋液，再撒少许黑芝麻装饰。

6. 放到炸篮上，用 180℃烤 15 分钟左右，变成金黄色就可以了。将所有生坯依次烤完即可。

婶子碎碎念

1. 紫薯泥也可以换成红薯泥、南瓜泥、芋泥、白芸豆泥等。奶油奶酪也可以换成马苏里拉芝士丝、芝士片。外面的饺子皮可以换成蛋挞皮、千层派皮、手抓饼等。按你的喜好来组合即可。

2. 包馅儿的时候，饺子皮的边缘部分一定要用叉子压紧了，不光是为了好看，也是为了让奶油奶酪化开以后不会从缝隙里流淌出来。

3. 市售的饺子皮一般比较厚，可以擀一擀让它变薄了再包馅儿，这样烤完后成品容易脆一些。如果成品放凉了吃起来不脆，应该是因为烘烤火候不够或者皮太厚了。

对于很爱榴梿的人来说，各种榴梿味的甜品可真是少不了，但如果做法太复杂，往往就不爱做了。这里分享一个"超快手"版本的榴梿酥吧。做出来的成品跟外面卖的几乎没差别。不管是喝下午茶时还是外出郊游时，将它跟朋友们一起分享都会很有趣的。

超快手榴梿酥

● 分量: 10 个　　● 烤制时间: 20 分钟左右

食材

市售蛋挞皮 10 个，榴梿肉 250 克左右，蛋黄 1 个，黑芝麻 10 克

步骤

蛋挞皮提前从冰箱拿出来回温一会儿。

将榴梿肉碾压成泥，舀入蛋挞皮里。每个里面放 25 克左右榴梿泥。

带着蛋挞皮外面的那层模，将蛋挞皮从中间向里对折，像捏饺子一样把蛋挞皮对折的边捏紧。

将捏好的榴梿酥生坯放到炸篮上摆好，用 200℃ 烤 10 分钟左右，酥皮会略微有点儿变熟。

把外面的模拿下来，给榴梿酥先抹一层蛋黄液，再撒上少许黑芝麻装饰。

送回炸篮上，用 190℃ 再烤 10 分钟左右，烤到榴梿酥的表面变成金黄色就可以出炉了。

婶子碎碎念

1. 生的蛋挞皮不好脱模，所以需要先烤一会儿，让酥皮定型后再脱模。
2. 买不到蛋挞皮的读者也可以用超市里的冷冻手抓饼来做，但手抓饼没有蛋挞皮这种内凹的形状，所以要切成小方片将榴梿肉泥包起来烤。
3. 榴梿肉本身就比较甜了，所以就不用再加糖了。如果你喜欢奶油奶酪，也可以加 80 克左右的奶油奶酪，一起打发下，做出的成品口感也很好。

对于"肉食系"的人来说，叉烧排骨那红亮亮的颜色实在是太诱人了。一口啃下去，那肥瘦相间、软嫩多汁的口感，太让人满足了。吃完肉了还要再啃啃骨头，吮下手指头才完事儿。

叉烧排骨饭

◎ 分量：两人份　◎ 烤制时间：20 分钟左右

食材

肋排 500 克，叉烧酱 35 克，生抽 15 克，蚝油 20 克，蜂蜜 15 克，料酒 10 克，蒜末 20 克，红曲粉 1 克，小油菜 2 棵，鸡蛋 1 个，熟米饭适量

步骤

1. 所有食材准备好。肋排斩小块，清洗干净，可以用水泡一泡去掉血水。

2. 在肋排块中倒入叉烧酱、生抽、蚝油、蜂蜜、料酒、蒜末抓匀，倒入红曲粉，抓匀，腌制 4 小时以上。有条件的可以放到保鲜盒里，盖上盖子腌制过夜。

3. 把腌制好的叉烧味肋排块放到空气炸锅的炸篮上，用 190℃ 烤 20 分钟左右。

4. 为了让肋排块烤出来油亮的表面，需要在烤四五分钟后就拿出来，在表面刷一下步骤 2 的腌制用的叉烧味混合酱汁。

5. 将鸡蛋在炒锅中用植物油（分量外）摊成荷包蛋。小油菜过热水，烫熟。

6. 将烤好的叉烧肋排块和荷包蛋、小油菜放到熟米饭上码好，撒少许葱花（分量外）。叉烧排骨饭就做好了。

婶子碎碎念

1. 红曲粉是给叉烧肋排块上色用的，使成品烤出来有那种红彤彤的颜色。实在买不到，省略即可。
2. 同样的配方，也可以把肋排换成梅肉来做，就变成叉烧肉了。

这款葱油饼真是太简单了。特别是对于"手残党"来说，它更是一个福音。只需要买点儿现成的饺子皮，刷点儿油，撒点儿葱花，擀一下就能烤了。烤完后的饼，香香的，脆脆的，尤其是趁热吃的时候，葱香味直接把"馋虫"都勾出来了。

快手版葱油饼

分量：三大张　烤制时间：10分钟左右

食材

饺子皮 15 个，葱花 35 克，花生油少许，烧烤酱 2 大勺

步骤

所有食材都准备好。

在饺子皮上涂上少许花生油和烧烤酱，再撒点儿葱花。

盖上另一个饺子皮，稍微按压一下让两张皮儿贴合，继续刷油和烧烤酱，放葱花。做一张饼一共需要 5 张饺子皮，要刷 4 次油和烧烤酱，放上葱花。

用擀面杖将饺子皮擀成一个大圆饼。

将擀好的饼放到空气炸锅的炸篮上。在饼的表面再抹点儿油和烧烤酱，用 180℃ 烤 10 分钟左右至表面变成金黄色，里面熟了就可以了。

婶子碎碎念

1. 一张大饼用 5 张饺子皮制作即可。最后擀的时候尽量擀得大一些，底部可以撒点儿面粉（分量外）防粘。
2. 没有烧烤酱的话就用盐加胡椒粉或者孜然粉代替。

天热懒得开火时，可以试试这款烤豆皮卷。用4片培根和1张油豆皮再加一大勺调味汁就可以做了。油豆皮是蛋白质含量很高的食物，用它包着金针菇做烧烤或者做凉拌菜都很可口。把油豆皮烤得脆脆的，味道更好。说它是菜也好，是小零食也好，都没什么关系。反正调味汁的精华搭配着烤到酥脆的油豆皮、培根，那滋味想想就让人流口水。

烤豆皮卷

◎ 分量：两人份　　⚡ 烤制时间：8 分钟左右

食材

油豆皮 1 张，培根 4 片，蚝油 15 克，白糖 10 克，黑胡椒粉 1 克，植物油少许

步骤

所有食材都准备好。油豆皮提前用温水稍微清洗一下，沥干水，铺开。

将油豆皮铺平，在左边铺上 2 片培根片。从左至右开始卷吧，一定要卷得紧一些，否则切豆皮卷的时候内部容易散开。

大概卷到 1/3 或者中间位置的时候，再铺上 2 片培根，继续卷。一定要卷得紧一些，避免散开。

将卷好的长豆皮卷切成长 1.5 厘米的段。一根牙签上串 1 ~ 2 个小段。

将蚝油、白糖、黑胡椒粉拌匀，调成酱汁，在豆皮段上刷一下。

在炸篮上涂一层薄油，放入豆皮卷，用 180℃ 烤 8 分钟左右即可。

婶子碎碎念

培根本身就是咸的，所以只需要在油豆皮表面抹不太咸的调味汁就可以了。

酱烧鲈鱼块

想要这道鱼好吃，重要的还是要把腌制那步做好，剩下的就交给空气炸锅吧。

◉ 分量：两人份
⏱ 烤制时间：20 ~ 25 分钟

食材

鲈鱼 1 条，甜面酱 30 克，黄豆酱 20 克，白糖 20 克，老抽 10 克，葱段 20 克，姜丝 20 克，白酒 15 克，白胡椒粉 2 克

步骤

1. 所有材料都准备好。鲈鱼去内脏，去鱼头，清洗干净。

2. 将鲈鱼斩成小块，放入葱段、姜丝。

3. 倒入甜面酱、黄豆酱、白糖、老抽、白酒、白胡椒粉，拌匀，腌制 2 小时以上。腌制期间翻拌几次。

4. 腌制好的鲈鱼块放到抹了油（分量外）的炸篮上，用 190℃ 烘烤 20 ~ 25 分钟。烤制期间可以将鲈鱼块翻面。烤到鲈鱼块外面变得干干的就可以了。

婶子碎碎念

1. 鲈鱼肉的含水量比较高，所以烘烤的时候不用太担心烤煳，烤到肉质变得紧实、有韧性即可。

2. 鲈鱼肉会带点儿腥味，所以需要提前腌制去掉鱼腥味，并且要用比较浓厚的酱味来盖住鱼的土腥味。使用配方里面的酱，我感觉做出的成品已经挺咸了，所以就没再加盐。大家可以根据自己的口味调整下。

脆皮五花肉

作为一道"网红菜"，脆皮五花肉的价格可不便宜。在外面买的话，一小盒差不多就要 25 元了。我们自己在家做，可能用 10 块钱的成本就能烤一锅，并且做出的成品的口感还特别酥脆。做这款菜肴最大的问题就是如何让表面的那层肉皮变得更酥脆。秘诀嘛，看完下面的教程就知道啦。

食材

🔘 **分量：** 一大盘　🔥 **烤制时间：** 45 分钟左右

主料： 五花肉 400 克，葱花 5 克，姜片 4 ~ 5 片，八角 2 个，花椒 15 克，料酒 10 克，五香粉 2 克，孜然粉 2 克，白胡椒粉 1 克，盐 2 克，白糖 10 克，生抽 20 克，蚝油 15 克，粗盐粒或海盐一大把，白醋 15 克

蘸料（选用）： 孜然粉少许，辣椒粉少许，熟白芝麻少许

步骤

1. 将主料中的所有的食材都准备好。

2. 炒锅里加入水，烧开，依次放入八角、花椒、葱花、姜片、料酒、五花肉，汆 2 ~ 3 分钟。

3. 将盐、白糖、生抽、蚝油放入碗中，加入五香粉、孜然粉、白胡椒粉、20 毫升清水一起拌匀，调成腌制用的酱汁。

4. 在五花肉的肉皮表面，用叉子扎出一些小孔，要扎透了。这样可以入味快一些。

5. 把五花肉的肉皮面朝下，切大块，但注意底下的肉皮一定不要切断了。这步有点儿像切鱿鱼花。

6. 将切好的五花肉用步骤 3 调好的腌制酱汁拌匀，按摩几分钟后盖上保鲜膜，至少腌制 40 分钟。

腌制好的五花肉肉皮朝上摆放好。用厨房纸将肉皮表面的水吸干，抹一层白醋，放一会儿让白醋变干，也可以用吹风机吹干。

用铝箔纸将五花肉的五个面包起来，只露出肉皮。肉皮朝上摆放。

在肉皮表面继续刷一层白醋，等肉皮变干后，铺上一层粗盐粒或者海盐。

把五花肉放到炸篮上，用180℃烤差不多30分钟。

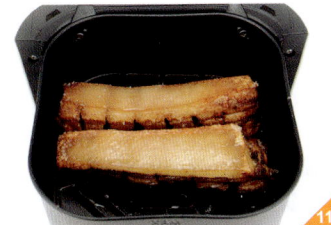

把五花肉拿出来，将肉皮表面的盐去掉，再将铝箔纸去掉，在肉皮上再刷一层白醋。

送回空气炸锅里，用200℃烤15分钟左右，烤到肉皮表面颜色变深，冒出小气泡就可以了。装盘后可以搭配蘸料食用。

婶子碎碎念

1. 想让五花肉表皮烤酥脆，冒出小气泡，刷三次白醋是关键。第一次刷完后，晾干、包好，再刷第二次，然后在表面盖上一层粗盐粒，烤半小时后再刷一次白醋。包铝箔纸是为了让肉先隔热烤，不至于直接烤干了。第二次烤就是去掉粗盐粒和铝箔纸后，烤到肉皮表面起泡。

2. 一定要在五花肉的肉皮表面上扎眼。一个目的是为方便腌制入味，另一个目的是使油脂从里面出来浸润表面，产生那种类似油炸酥皮的效果。

官保鸡丁是川菜中的一道大家比较喜欢的菜。不同于大多数川菜的麻辣，它是麻辣中还略带点儿甜。如果给小朋友们吃，可以把辣椒去掉，鸡丁就只有那种酸酸甜甜的口感了。

宫保鸡丁

食材 　🍊 **分量：**一大盘　　⏱ **烤制时间：**花生米单独烤制 7 ~ 8 分钟，鸡丁烤制 15 ~ 16 分钟

鸡胸肉 300 克，花生米 100 克，姜片 2 ~ 3 片，生抽 10 克，白糖 15 克，盐 2 克，料酒 10 克，玉米淀粉 5 克，花椒粒一小把，大葱 1 段，蒜 2 ~ 3 瓣，米醋 15 克，干辣椒 4 ~ 5 个

步骤

1 所有材料都准备好。

2 花生米放在空气炸锅里，用 180℃烤 7 ~ 8 分钟，放凉后把花生米的外皮去掉，备用。

3 干辣椒剪小段，大葱切小段，蒜切片，鸡胸肉切丁，姜片切丝。

4 鸡肉丁里倒入料酒、生抽、蒜片、姜丝、白糖、盐、玉米淀粉，充分抓匀，腌制 20 分钟。

5 腌制好的鸡丁倒到炸篮上。腌制鸡丁的汤汁先别扔。放入花椒粒和大葱段，加入米醋，略微拌匀。

6 用 190℃烤 10 分钟后把干辣椒段和去皮的花生米也放进鸡丁中，倒入腌鸡丁的汤汁拌匀。用 190℃再烤 5 ~ 6 分钟就可以了。

婶子碎碎念

1. 这道菜需要先将鸡丁腌制，放进空气炸锅中先烤一会儿再放花生米和干辣椒段，然后烤熟。如果一开始就把鸡丁和花生、干辣椒段放一起烤，会造成鸡丁还没熟，花生米和辣椒段已经煳了的后果。

2. 不能吃辣的读者可以去掉辣椒。糖和米醋的比例为 1：1 就可以了。

这是一道让人听了就忍不住流口水的硬菜。传统做法要在排骨上裹上面糊，先油炸到酥脆再炒。有了空气炸锅以后，我们就不用油炸了。做出的成品更健康，适合多数人食用

椒盐蒜香排骨

分量：一大碗　　烤制时间：15 ~ 16 分钟

食材

肋排 400 克，生抽 15 克，料酒 10 克，椒盐 3 克，小葱 2 根，姜 2 片，蒜 1 头，鸡蛋 1 个，面包糠 20 克

步骤

1. 所有材料都准备好。排骨建议用肋排，斩小块，用清水泡一泡，去掉血水。

2. 小葱、姜、蒜切成末。

3. 将肋排块和生抽、料酒、椒盐、葱末、姜末、蒜末拌匀，腌制 2 小时以上。

4. 鸡蛋打散。将腌制好的肋排块裹匀蛋液。

5. 将肋排块放到面包糠中，使其两面都裹满面包糠。

6. 把肋排块放到炸篮上，表面刷点儿步骤 3 腌制后留下的酱汁。用 200℃烤 15 ~ 16 分钟，至肋排块表面呈金黄色即可出锅。

婶子碎碎念

1. 这道菜椒盐和蒜香风味都有，想要入味，最好能将排骨多腌制一会儿。

2. 烤之前，最好在排骨上再刷点儿酱汁，放上蒜粒，这样烤出来会有比较酥脆的外壳。

沙茶洋葱猪肉片

◉ **分量：** 一大盘

◉ **烤制时间：** 10 分钟

食材

猪瘦肉 200 克，洋葱 100 克，小米辣 2 个，香葱 1 根，沙茶酱 15 克，白糖 3 克，料酒 10 克，玉米淀粉 3 克，香菜段少许

步骤

1 猪瘦肉洗净，切薄片。洋葱切条。小米辣切圈。香葱切葱末。

2 把猪肉片和沙茶酱、白糖、料酒、玉米淀粉拌匀，腌制 20 分钟。

3 在炸篮上铺上一层切好的洋葱条。

4 将腌制好的猪肉片铺在洋葱条上，用 190℃烤 5 分钟，把香菜段、小米辣圈和香葱末放进去，略微拌匀，再烤 5 分钟即可。

婶子碎碎念

1. 沙茶酱本身就有咸味，所以我做的时候就没放盐。大家可以根据自己的口味调整。
2. 洋葱条直接烤容易变干，放到猪肉片下面烤比较好。

烧烤一锅烩

- 🍽 **分量**：一大盘
- ⏱ **烤制时间**：10 分钟左右

食材

小红肠（或者火腿肠）4～5个，鸡肉丸4～5个，鱼豆腐4～5个，墨鱼丸4～5个，蟹肉棒4～5个，植物油10克，孜然粉1克，椒盐1克，白芝麻2克，孜然粒2克

步骤

将小红肠等所有的冷冻半成品从冰箱里拿出来后先解冻一会儿。	倒入植物油、孜然粉、椒盐翻拌一下。	倒到炸篮上，用180℃烤7分钟左右。	将白芝麻和孜然粒撒进去，翻拌一下，再烤3分钟，用竹扦串好即可。

婶子碎碎念

使用的冷冻半成品在烤之前最好拿出来解冻一会儿，这样烘烤的时间会短一些。烤到还剩几分钟的时候，可以抽出来撒点儿白芝麻、孜然粒等调味品，然后再烤一会儿。

孜然土豆火腿片

⊙ **分量：** 一大盘

⊙ **烤制时间：** 20 分钟左右

食材

土豆（大）1 个，火腿肠 2 根，植物油 8 克，孜然粉 2 克，辣椒粉 1 克，白芝麻 2 克，生抽 10 克，盐 1 克，孜然粒 2 克，葱花少许

步骤

1. 所有材料都准备好。

2. 土豆去皮，切小块。火腿肠切片。

3. 土豆块放到炸篮上，用 180℃烤 15 分钟左右。

4. 倒入火腿肠片、植物油、生抽、孜然粉、辣椒粉、白芝麻、盐、孜然粒，充分拌匀后用 180℃继续烘烤 5 分钟，出锅后撒少许葱花即可。

婶子碎碎念

1. 将土豆烤熟需要的时间比较长，所以先将土豆块烤一会儿再放火腿肠片，避免后者烤煳。
2. 也可以先将土豆块焯水 5 分钟。将土豆块沥干水后直接跟火腿肠片和调味料拌匀，用 180℃烤 5 ~ 6 分钟就可以了。

桂圆糯米饭

- 🌀 **分量：** 两人份
- ⏱ **烤制时间：** 20 分钟

食材

糯米 200 克，桂圆肉 60 克，红枣肉 50 克，细砂糖（或红糖）25 克，葱花（选用）少许

步骤

1 所有食材都准备好。桂圆肉切小块，红枣肉也切小块。

2 糯米洗干净后，和桂圆肉块、红枣肉块放在一起拌匀，加入适量清水浸泡 2 小时以上。

3 将糯米、桂圆肉块、红枣肉块沥干水，放进铝箔纸碗中，加入细砂糖拌匀，倒入 300 毫升左右的清水。

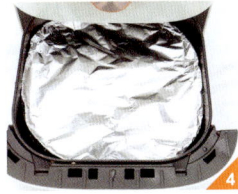

4 表面盖上一层铝箔纸并且包紧。将铝箔纸碗放进空气炸锅中，用 190℃烤 20 分钟。关机后闷 10 分钟就可以出锅了。出锅后放少许葱花装饰即可。

婶子碎碎念

1. 糯米必须要提前浸泡 2 小时以上，如果直接放入空气炸锅中制作，做出的成品口感会比较硬。这款糯米饭需要盖上铝箔纸制作，以免表面的米粒被烤得太干。
2. 加入的水能没过糯米就可以了，如果想要成品的口感更软一些，可以多加 20 毫升的水。

酒香烤半鸭

虽然用空气炸锅烤完的鸭子还是肥得流油，但好歹要比之前炖着吃、炒着吃的鸭子的油少。

◎ 分量：一大盘

◎ 烤制时间：30～35分钟

食材

鸭子 1/2 只，啤酒 2/3 罐，现磨黑胡椒 20 克，盐 3 克，蜂蜜 15 克，大葱 1 根，生姜片 4～5 片，蚝油 30 克，白芝麻少许

步骤

1 所有食材准备好。鸭子要掏空内脏，清理干净。大葱切段。

2 将啤酒、大葱段、生姜片放到一起，做成葱姜啤酒汁。蜂蜜和 10 毫升清水调成蜂蜜水。

3 鸭子表面涂抹蚝油、盐、一部分黑胡椒，充分按摩。浇上刚才做好的葱姜啤酒汁，继续按摩。抹匀后，腌制 2 小时以上。

4 将腌制好的鸭子放到炸篮上，表面涂刷一层蜂蜜水，再撒上剩余的的黑胡椒，用 190℃ 烘烤 30～35 分钟，每隔 10 分钟再刷一次蜜蜂水。

婶子碎碎念

1. 鸭子有腥味，所以需要用啤酒、葱、姜腌制去腥气。

2. 为了让鸭子烤出来油亮亮的，烘烤时每隔 10 分钟就要在鸭子表面刷一次蜂蜜水。但不要一开始就全刷上，每隔 10 分钟刷一次比较好。

3. 最好用仔鸭制作，这样 30 多分钟后就能烤熟了。

金沙蒜蓉豆腐

咸香十足的鸭蛋黄很多人都喜欢，但单独吃的话有点儿腻，所以不如和别的食材一起做。将它跟豆腐和蒜蓉酱放在一起，就可以做成这款黄澄澄的、外皮酥脆的金沙蒜蓉豆腐了。

◎ 分量：一大碗

⚡ 烤制时间：13 分钟左右

食材

老豆腐 250 克，鸭蛋黄 3 个，蒜蓉酱 30 克，植物油 20 克，葱花少许

步骤

1. 老豆腐切块，放到炸篮上，表面喷一点儿油。用 190℃ 烤 10 分钟左右，老豆腐块就变成金黄色了。

2. 鸭蛋黄碾成泥，加入蒜蓉酱和剩余的植物油，充分拌匀，制成金沙蒜蓉酱。

3. 将金沙蒜蓉酱和已经烤好的老豆腐块略微拌匀。

4. 继续放到空气炸锅里，用 190℃ 继续烤 3 分钟，出锅撒点儿葱花装饰即可。

婶子碎碎念

1. 没有蒜蓉酱可以用蒜末和生抽代替。因为蒜蓉酱和咸蛋黄都有咸味，所以不用再放盐了。
2. 咸蛋黄我用的是海鸭蛋蛋黄，可以直接吃，并且有很多油脂，很香。

很多人喜欢吃红腐乳，所以我就尝试着把红腐乳放进这款咸酥小饼里。虽然听起来它有点儿像"黑暗料理"，但品尝过的人都说吃出了烤肉饼干的感觉。这么另类的饼干，真的很想让大家都体验一下。

腐乳小饼干

分量：大约 25 块　　烤制时间：12 分钟

食材

红腐乳（含少许腐乳汤汁）40 克，低筋粉 115 克，黄油 65 克，鸡蛋液 15 克，细砂糖 30 克，五香粉 1 小匙，白芝麻（选用）适量

步骤

1. 所有材料都准备好。

2. 黄油在室温软化后加入细砂糖，打发到蓬松的状态。分两次将鸡蛋液倒入黄油中，继续打发至均匀。

3. 把红腐乳用勺子碾碎，和少许腐乳汤汁拌匀。

4. 倒入黄油混合糊中，继续打发到蓬松的状态。

5. 筛入低筋粉和五香粉。将所有的材料拌匀。

6. 团成一个光滑的面团。

7. 按照 10 克左右一个的标准，将面团分割成大约 25 个小球。按压成饼。

8. 空气炸锅用 180℃ 预热好。将饼坯放到铺了油纸的炸篮上，在表面撒一些芝麻。烘烤 12 分钟即可。

婶子碎碎念

1. 红腐乳也叫南乳，味道比较浓郁。40 克大概就是一大块红腐乳加上少许腐乳汁的质量。红腐乳放进黄油混合糊中打发前要先碾碎了，要不然容易有颗粒。最好用红腐乳或者玫瑰腐乳，普通腐乳感觉没这么好吃。

2. 面团成形后会比较软，你可以冷冻到硬后切片烘烤，也可以放进裱花袋里挤曲奇状烘烤，或者像我这样直接搓成球，按扁烘烤。

巴斯克乳酪蛋糕

　　巴斯克蛋糕是一款很火的"网红"甜品，它起源于西班牙，也是西班牙最受欢迎的传统甜点之一。相对于日式的轻芝士蛋糕，巴斯克蛋糕的口味显得比较浓厚。外皮烤得焦酥，里面的却是黏稠浓郁的奶油奶酪，每一口都让人回味无穷。最主要的是它做起来很简单，放进空气炸锅里也能烤，所以赶紧来试试吧。

食材

◎ 分量：一个6英寸戚风蛋糕　　◎ 烤制时间：25 ~ 28分钟

鸡蛋2个，蛋黄1个，奶油奶酪300克，淡奶油150克，玉米淀粉10克，细砂糖80克

步骤

1 将奶油奶酪隔热水化开，加入细砂糖拌匀成糊糊状。

2 鸡蛋和蛋黄放在一起打发均匀。

3 将打好的鸡蛋液分三次倒入到刚才的奶油奶酪糊中，每加一次都充分搅拌均匀。

4 将淡奶油分两次加入混合糊中，每次加入都搅拌均匀。

5 筛入10克玉米淀粉，继续拌匀。

6 蛋糕糊应该是比较细腻、顺滑的样子了。

7 戚风模具中放入油纸，用手往下按压，让它更好地贴合在模具上，再倒入做好的奶酪蛋糕糊。

8 空气炸锅提前用180℃预热，把模具放进去，用180℃烤25～28分钟，烤至表面呈褐色，里面差不多熟了就可以了。烤好以后等它凉了，送到冰箱里冷藏两小时以后再吃，这时的口感最好。

婶子碎碎念

1. 如果想让成品的口感更加细腻，也可以将做好的蛋糕糊过滤一下。
2. 这款蛋糕的做法很简单，将所有材料拌匀就可以烤了。只是注意向奶油奶酪里加鸡蛋的时候一定要分多次加，避免出现水油分离的现象。
3. 有的小伙伴空气炸锅的实际温度偏高一些，烤完后蛋糕表面容易有裂开的痕迹，所以需要根据实际情况把自己的空气炸锅的温度调低一些。

马蹄鲜虾饼

🔸 **分量：** 两人份

🕐 **烤制时间：** 15 ～ 16 分钟

食材

虾仁 300 克，马蹄（荸荠）300 克，料酒 10 克，盐 3 克，白胡椒粉 2 克，鸡蛋 1 个，玉米淀粉 30 克，黄金面包糠 30 克

步骤

1. 所有食材准备好。虾仁剁成泥。马蹄去皮，切碎。

2. 在虾仁泥和马蹄碎中倒入料酒、盐、白胡椒粉、鸡蛋液、玉米淀粉充分拌匀，搅打至上劲儿。

3. 取适量的虾肉马蹄泥，团成肉饼，放到黄金面包糠中裹匀面包糠。

4. 放到炸篮上，在饼坯表面喷少许油（分量外），用 190℃烤 10 分钟，拿出来翻面，继续烤 5 ～ 6 分钟即可。

婶子碎碎念

1. 表面喷上油是为了让烤出来的虾饼更好吃。
2. 有的空气炸锅可能防粘性能不是很好，使用这种空气炸锅的读者最好在炸篮上抹点儿油再放入饼坯。

读者福利

自即日起，亲们将此书封面照片和购物小票（或截图）发送给美国西屋厨房电器京东自营旗舰店在线客服即可参加读者专属福利活动：全场空气炸锅均可享受团购福利优惠价。